NATURPHÄNOMENE ERLEBEND VERSTEHEN

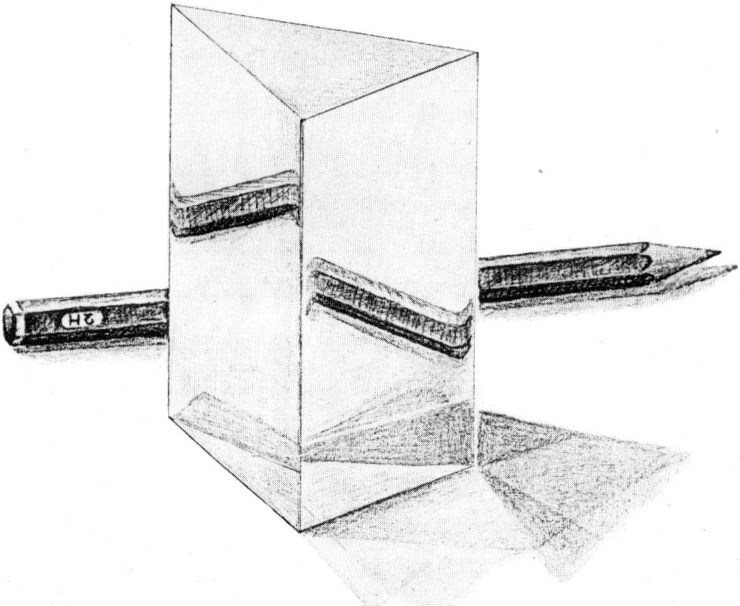

Peter Buck
Manfred von Mackensen

DIDAKTIK DER NATURWISSENSCHAFTEN

Die Schriftenreihe wendet sich an alle, die mit naturwissenschaftlichem Unterricht und seinen Nachbarbereichen zu tun haben. Ausgehend von den vorhandenen Schulfächern sollen dabei auch solche Anwendungsbereiche und Problemkreise erschlossen werden, die die Grenzen dieser Fächer überschreiten.

In der Schriftenreihe sollen durchaus auch kontroverse Ansätze Ausdruck finden.

Ziel der Schriftenreihe ist es, Hilfen für die tägliche Unterrichtspraxis und Anregungen zur Reflexion über den Unterricht zu bieten. Sie wendet sich daher an Lehrer, Lehrerstudenten und Referendare, an Lehrerausbilder sowie in der Unterrichtsforschung tätige Didaktiker.

Peter Buck/Manfred von Mackensen

Naturphänomene erlebend verstehen

über Physik- und Chemieunterricht an Waldorfschulen
und ihre
erkenntnismethodische
und didaktische Grundlegung

3. Auflage

AULIS VERLAG DEUBNER & CO KG

CIP-Titelaufnahme der Deutschen Bibliothek

Buck, Peter:
Naturphänomene erlebend verstehen :
über Physik- u.Chemieunterricht an Waldorfschulen
und ihre erkenntnismethodische und didaktische Grundlegung /
Peter Buck ; Manfred von Mackensen. - 3. Aufl. -
Köln : Aulis-Verl. Deubner, 1989
(Didaktik der Naturwissenschaften ; 14)
ISBN 3-7614-1192-8
NE: Mackensen, Manfred von:; GT

Best.-Nr. 5214

Druck und Einband: MVR Druck Köln GmbH, Köln
ISBN 3-7614-1192-8

Inhaltsverzeichnis

Vorwort zur zweiten Auflage

Seit unser Buch in der ersten Auflage beim Berufsbildenden Gemeinschaftswerk in Kassel erschien, ist das Interesse an einem „ganzheitlichen" Physik- und Chemieunterricht, also an einem Unterricht, der vom lernenden Menschen und vom Menschen schlechthin nicht absieht, sondern ihn bewußt einbezieht, deutlich gewachsen. Das ist gewiß auch die Folge einer wachsenden Einsicht, daß die distanzierende naturwissenschaftliche Denkart zwar höchst faszinierende Perfektionsleistungen — von der Laserchirurgie bis zur Mondlandung — ermöglicht, aber zur Lösung globaler Überlebensprobleme wenig beiträgt.

Unser Buch trug in der 1. Auflage den Titel „in naturphänomenen leben", der durch den etwas langen Untertitel „Einzelne abgeschlossene Beispiele eines phänomenologischen Physik- und Chemieunterrichts, der auf den Menschen bezogen ist, zusammen mit erkenntnismethodischen und didaktischen Grundlegungen" erläutert wurde. Schon damals erschien uns dieser Titel nicht als optimal. Am liebsten hätten wir als Titel genommen: „Naturphänomene sehen und verstehen" [111], so wie Christoph Berg ihn für seine Wagenschein-Anthologie gewählt hat. Nicht nur hätte er die gemeinsame Wurzel der Wagenscheinschen Pädagogik und der naturwissenschaftlichen Waldorfpädagogik bezeichnet, er hätte auch die beiden Quellen akzentuiert, die im naturwissenschaftlichen Unterricht der Waldorfschule eine zentrale Rolle für das selbsttätige Lernen spielen: die Wahrnehmung und das Denken. Beide sind zentrale Kategorien in der Erkenntnistheorie Rudolf Steiners, des Begründers der Waldorfpädagogik (vgl. [96]). In der ersten Auflage unseres Buches fehlte jedoch ein Kapitel, das diese Zusammenhänge anspricht; in dieser Auflage ist es als 2. Kapitel eingefügt.

Nach der notwendig gewordenen Überarbeitung und Abrundung unseres Buchs haben wir uns entschlossen, ein anderes Spannungsfeld durch den Titel zu artikulieren, das so zentral ist, daß es die Aufnahme in den Titel ebenso rechtfertigt: Das *Erleben* und die seit Galilei vom Erleben immmer stärker absehende Naturwissenschaft. — Der Pädagoge Theodor Litt hat schon vor etwa 30 Jahren sehr eingängig und subtil herausgearbeitet, daß es verschiedene naturwissenschaftliche Traditionen sind, die einerseits erlebnisoffene und andererseits vom Erleben absehende Naturwissenschaftsdidaktik entstehen lassen (vgl. [51]). Das Problem ist nach wie vor offensichtlich höchst aktuell.

Die Waldorfpädagogik steht in einer dieser wissenschaftsmethodischen Traditionen, im Strom von Aristoteles über Goethe zu Rudolf Steiner. Sie betrachtet ihren Ansatz aber nicht als Ersatz, sondern als *Ergänzung* der anderen Tradition, der Bacon-Newton-Kantschen Entwicklungslinie. In diesem Buch ist der zuerst genannten Tradition wesentlich mehr Platz eingeräumt, weil die Waldorfpädagogik sich eben um ganzheitliche Methoden des Denkens wie des Unterrichtens mehr als andere Pädagogiken bemüht hat.

Unser Buch möchte „zum Frieden zwischen zwei Weltauffassungen" (vgl. den Untertitel zu[110]) beitragen. Frieden nicht durch Unterwerfung unter die heutige vielfach monopolistisch dominierende kausalanalytische Denkweise, sondern Frieden durch vertrauensbildende Maßnahmen für einen in der Pädagogik als notwendig erkannten neuen Verbündeten. Es möchte *Anregungen für die Naturwissenschaftsdidaktik an Staatsschulen geben* und nicht nur Grundlagen einer Naturwissenschaftsdidaktik an Waldorfschulen beschreiben.

Die Entstehung dieses Buchs und die mit ihm verbundenen Grundgedanken können im nachstehenden (ebenfalls leicht überarbeiteten) Vorwort zur 1. Auflage nachgelesen werden. Die Titelbilder zu den einzelnen Kapiteln hat Esther Marx, Schülerin der Flensburger Waldorfschule gezeichnet.

Neckargemünd und Kassel im September 1987

Bemerkung zur dritten Auflage

Daß unser Buch noch vor Ablauf der Subskriptionsfrist vergriffen war, hat uns natürlich sehr gefreut. Die durchweg freundlichen Rezensionen haben dazu gewiß beigetragen. In der kurzen Frist, die uns zur Vorbereitung der dritten Auflage gegeben war, konnten wir keine große inhaltliche Überarbeitung vornehmen. Die beträchtliche Anzahl Druckfehler konnte aber dank der Hilfsbereitschaft von Herrn Prof. Ernst Schuberth und Herrn Reinhard Schoppmann verringert werden. Wir danken ihnen für ihre Mühe sehr herzlich. Beim erneuten Korrekturlesen sind auch einige kleinere Passagen umformuliert worden.

Heidelberg und Kassel im Juni 1989

Vorwort zur ersten Auflage

Aus der Naturwissenschaftlichen Abteilung Kassel der Pädagogischen Forschungsstelle beim Bund der Freien Waldorfschulen sind in den vergangenen zehn Jahren eine Reihe von Arbeiten hervorgegangen, die in verschiedener Weise und in verschiedener Konkretheit eine vertiefte erkenntnismethodische und unterrichtsmethodische Durchdringung des Physik- und Chemieunterrichts zum Ziel hatten. Es ist eine Reihe von Broschüren erschienen, die zum Teil für die Schülerhand bestimmt, teils für die Hand des Lehrers vorgesehen sind. Diese Broschüren haben einen ausgesprochen *schulpraktischen* Charakter.

Daneben sind im Laufe der Zeit in der Zeitschrift Erziehungskunst, aber auch in anderen Zeitschriften (Elemente der Naturwissenschaften, MNU, chimica didactica) Beiträge aus der naturwissenschaftlichen Abteilung der Pädogischen Forschungsstelle aus der Feder Manfred von Mackensens erschienen, die stärker die pädagogischen und erkenntnismethodischen Grundlagen dieser Arbeiten für Lehrer, Eltern und Kollegen an anderen Schulen ausbreiteten. Peter Buck hat — ebenfalls in den Zeitschriften Erziehungskunst und chimica didactica — vor allem naturwissenschaftliche Begriffsbildungsprobleme erörtert. Diese verstreuten Aufsätze beleuchten verschiedene Aspekte des von den Phänomenen ausgehenden Erkenntnisvorgangs, des Einlebens in die naturwissenschaftliche Denkweise, des Lernvorgangs und ihrer Motivationen, der Begriffsbildung und last not least des Phänomenzusammenhangs selbst. Sie zu einem übersichtlichen Band zusammenzustellen, erschien nach zehn Jahren lohnend.

Peter Buck — in der staatlichen Lehrerbildung tätig — hat Auswahl, Zusammenstellung und Redaktion der in diesem Band vereinten Aufsätze besorgt. Die Aufsätze wurden so ausgewählt, daß der Sammelband nicht nur innerhalb der Waldorfschulbewegung (für Lehrer und Eltern), sondern auch außerhalb (für Fachdidaktiker und Lehrer an anderen Schulen) Anregungen geben kann.

Manfred von Mackensens Arbeiten haben von vornherein die fachdidaktische Diskussion in der Bundesrepublik Deutschland mitverfolgt, sich mit ihr auseinandergesetzt. Daneben haben diese Arbeiten bewußt Verständigungs- und Anknüpfungsstellen geboten für eine Verwendung außerhalb der Waldorfschulbewegung.

An den ausschließlich auf staatliche Lehrerbildung ausgerichteten Pädagogischen Hochschulen und Universitäten gibt es eine beträchtliche Unzufriedenheit mit dem naturwissenschaftlichen Unterricht. Doch die Alternativ-Ansätze, die etwas detaillierter ausgearbeitet, theoretisch begründet und schulpraktisch vorgeführt sind, zum Beispiel von Martin Wagenschein, Gerda Freise oder von Johann Weninger, Werner Dierks und Helga Pfundt wurden zwar in der Diskussion stark beachtet, aber haben dennoch kaum Nennenswertes am Zustand des naturwissenschaftlichen Unterrichts zu ändern vermocht. Auch die auf Anthroposophie gründenden konzeptionellen Arbeiten von Mackensens würden an den Staatsschulen zur Zeit ein ähnliches Schicksal erleiden.

Darum kann es hier also nicht gehen: eine Unterrichtskonzeption im staatlichen Schulwesen zu implantieren, die nicht den erkenntnismethodisch und bewußtseinsmäßig erforderlichen Nährboden vorfindet.

Texte, wie die hier vorliegenden, die zum *erlebenden Verstehen am Phänomen* hinführen wollen, können sich nur an Fachdidaktiker und Lehrer wenden, die zunächst dieses erlebende Verstehen vor allen Modellvorstellungen und Theoriegebäuden für sich selbst suchen und entwickeln wollen. Eine Vorarbeit, wie die hier vorgelegte, kann nur nutzen, wer Interesse an der ursprünglichen Wahrnehmung zunächst in sich selbst ausbilden möchte und qualitative Gedankenverbindungen ebenso ernst nehmen kann wie eine abstrakte Systematik mit der geringsten Anzahl „Superzeichen" (etwa Erhaltungssätze, Teilchensysteme oder dergleichen).

Worum es uns geht, kann man mit Martin Wagenscheins griffigem Titel „Ursprüngliches Verstehen und Exaktes Denken" [108] umreißen. Aber es geht uns nicht nur um dieses gemeinsame Anliegen, sondern — ebenso bedeutsam — um den Bezug zum Menschen als erlebendes, wahrnehmendes, denkendes und bewußt handelndes Wesen, um das Sich-finden und -verstehen *im Vollzug* des naturwissenschaftlichen Verstehens und Bedenkens von Umwelt, Technik, Natur.

Anliegen des Unterrichts an Waldorfschulen ist es, Naturwissenschaft nicht nur auszuschmücken, sondern im Kern menschlicher zu greifen. Das heißt eben nicht nur, Bilder und Ideen in die Gesetze der Materie hineinzuflechten, etwa um totes Wissen kindgemäß zu veranschaulichen und zu dosieren. Es bedeutet mehr: Wahrnehmungen zu wesenhaften Gebärden der Natur zu steigern. Qualitatives Denken, das sich nicht an mechanische Kausalerklärungen kettet, ist als *Organ* zu entwickeln, so daß der junge Mensch erlebt: Die Welt erschließt sich meinen geistigen Kräften, mein von innen geführtes Denken bringt die Sinneswahrnehmung zum Sprechen. Die Einheit von Welt und Mensch ist dann nicht Mythos, nicht erzählte Poesie, sondern wird meine eigene Tat.

Durch die Beschränkung der Naturwissenschaft auf Maß und Zahl, das heißt auf den rein quantitativen Weltaspekt, ebenso wie durch die Projektion auf die spekulativ erfundenen und daher unverbindlichen Modelle, ist die Frage nach dem Wesen der Naturdinge verloren gegangen. Man hat sich im Lauf des 19. Jahrhunderts entschlossen, nach der Beherrschbarkeit der Natur zu fragen. Und man hat sich weiter entschlossen, in der Beherrschbarkeit den wesentlichen Sinn zu sehen.

Damit verbindet sich zwar alles mit dem Menschen (er beherrscht), aber blind, denn er lebt mit seinen äußeren Zwecken, die durch Beherrschung zu erreichen sind, aber nicht mit dem inneren Wesen der Naturkräfte zusammen. Das entspringt der quantitativen, mathematisierenden Methode. Ähnliches gilt für das ausgeprägte Hineinprojizieren von quantitativen oder teilchenartigen Modellen in die Erscheinungen der Welt. Derartige Modelle werden, wie die Erfahrung zeigt, vom Lernenden als gegenständlich-materielle Realität genommen. Erklärungen von Wirklichem nimmt man zunächst als ebenso wirklich an. Angesichts dieser Gefahr rät zum Beispiel das Hessische Institut für Bildungsplanung und Schulentwicklung:

> „Die Trennung zwischen Modell und dem, was durch das Modell beschrieben werden soll, fällt erfahrungsgemäß den Schülern besonders schwer. Umso wichtiger ist es, Modelle zu verwenden, die für den Anfangsunterricht nicht zu perfekt sind. Es muß elementare Erscheinungen geben, die mit dem verwendeten Modell nicht erklärt werden können. Nur so gewinnen die Schüler allmählich Einsicht in die prinzipielle Unzulänglichkeit von Modellen. Der Eindruck, in der Schule müsse man sich aus Gründen der Verständlichkeit mit ungenauen Vorstellungen begnügen, während man es in der Wissenschaft ganz genau wisse, darf nicht entstehen."([38] S.2).

Einzusehen, daß man es *prinzipiell* nicht ganz genau wissen kann, setzt aber ein erkenntnistheoretisch entwickeltes Denken gegenüber der Gesamtheit des Naturerkennens voraus. Das ist im Anfangsunterricht nicht gegeben. Der Gefahr der Mißdeutung der Modelle kann man wohl besser entgehen, indem man sie so lange wegläßt, bis der Schüler zu einer solchen Überschau fähig wird. Zumindest dürfte es im Anfangsunterricht unökonomisch sein, mit einem Erklärungszusammenhang neuer Erscheinungen zugleich dessen partielle Widersprüchlichkeit gegenüber benachbartem Augenschein mitzuerklären. Anders gewendet: Mit dem ersten Erklären von Tatsachen sollte man nicht das Erklären selbst zu einem Erklärungsproblem machen.

An die Stelle nicht miterlebbarer, weil zunächst unwahrnehmbarer Modellzusammenhänge, sollen erlebbare und damit nachfühlbare Gedankengänge rücken, die an den vollen Wahrnehmungsqualitäten anknüpfen. Der Schritt zu den Begriffen eines bloß quantitativen, modellhinterlegenden Aspekts der Welt ist prinzipiell keine Sachfolge, sondern ein bestimmter menschlicher Entschluß. So formuliert der Wissenschaftstheoretiker P. K. Feyerabend, „daß weder Tatsachen noch abstrakte Vorstellungen zur endgültigen Legitimation von Ideen hinreichen, sondern daß diese Legitimation nur durch einen willkürlichen Entschluß herbeigeführt werden kann. Wenn aber Erfahrungstatsachen eine solche Funktion zu übernehmen scheinen, dann steckt dahinter ein einfacher Schwindel..." ([29] S.32). Und Wagenschein betont immer wieder: „In der Physik hat man sich *entschlossen,* sich allein um das Mechanische zu kümmern" ([111] S.93, [113] S.12, Hervorhebung von uns).

Sobald man vom Erklären-durch-Modellhinterlegen zum erlebenden Charakterisieren und Verstehen überwechseln möchte, muß man im Menschen auch das unmittelbare Erleben ansprechen. Diese Tatsache, daß man wenigstens vorübergehend die Kategorie des sich einlebenden Besinnens ansprechen muß, wirft allergrößte Probleme auf. Derartiges ist in der Wissenschaft als Einleitung oder Schlußerhöhung erlaubt: Die beweisenden Gedankenzusammenhänge aber müssen, so glaubt man, ohne Einbezug von Wahrnehmungserlebnissen des Menschen konstruiert werden, nur gebaut auf Größen, nicht auf Qualitäten.

Demgegenüber verfolgt die hier beschriebene Arbeitsweise das Ziel, emotionale und affektive Kräfte im Auffassen mit aufleben zu lassen, sie durch Einleben in die Sache vom Subjektiven zu befreien, um der Sache abgewonnene Qualitäten in die kognitive Verarbeitung aufzunehmen. Das führt notwendig wenigstens in der Erstbegegnung über eine nur kognitive Sprache hinaus, wenn auch alles schließlich in

Gedankenbeziehungen hinaufgehoben werden soll. Die immer wieder erhobene Forderung, das schulische Lernen müsse mehr emotionale Seiten der Sachbegegnung einbeziehen und mit verarbeiten, wenn es erzieherisch sein will, scheitert eben daran, daß alles über rein kognitive Definitionen und Strukturen Hinausgehende in der Sachsprache ausgemerzt ist.

Demgegenüber sei hier angestrebt, emotionale, affektive, personale und soziale Prozesse des erfassen wollenden Individuums auch in der Sprache mit dem intellektuellen Verarbeiten zu verbinden. Soll derartiges den abgetrennten Informationen nicht nachträglich angeklebt werden, so muß dies alles auch an der Sache selbst integriert erörtert werden.

Wir merken: Wir sind bereits mitten in der Diskussion. — Zugleich sei angedeutet, wie wir versucht haben, unser Anliegen zu transportieren: in ausgewählten Sachbeispielen. Diese sind daher im Titel der einzelnen Kapitel jeweils vorweggestellt. Erst nachträglich stellte sich heraus, daß das eine oder andere vorangestellte Stichwort auch als Anspielung auf das kommende fachdidaktische Problem und unsere Aussagen dazu aufgefaßt werden könnte. Gegen solche Verknüpfungen haben wir, auch wenn sie nicht beabsichtigt waren, nichts einzuwenden.

Neckargemünd und Kassel im November 1982

Der Hebel
oder:
Genügt schülerzentrierter
Unterricht?

1.
Der Hebel
oder:
Genügt schülerzentrierter Unterricht?

1.1 Eine Untersuchung über die Wirksamkeit des Physikunterrichts

Grau, teurer Freund ist alle Theorie
Und grün des Lebens goldner Baum
Goethe, Faust

Man kennt dieses Wort Goethes, mit dem Mephisto in der Schülersszene die Beratung des wissensdurstigen Jünglings krönt. Was gibt zum Beispiel Physik dem Schüler mit auf seinen Weg: graue Theorie oder volles Leben? Spaltet sie auf oder verbindet sie?[1]

Wo nun Wissenschaft die Wirklichkeit erfaßbar machen möchte — für jedermann, zu jeder Zeit — müßte doch ein auf Wissenschaft orientierter, nach ihr vorgehender, jahrelanger Unterricht — zum Beispiel in Physik oder Chemie — den Menschen befähigen, zeitlebens seine natürliche und technische Umwelt wissenschaftlich tiefer und menschlich befriedigender zu verstehen. Wir fragen also zunächst nicht, ob der Unterricht an diesem oder jenem Thema logisch bündig in Wissenschaft eingeführt hat, sondern tiefer: ob er als ganzer für eine Art Verstehen im späteren Leben etwas gebracht hat. Es gibt hierzu eine gründliche demoskopische Untersuchung, die wir betrachten wollen.

Die Untersuchung von Daumenlang [22] und besonders ihre Bewertung durch Brämer [9, 81] bringen im Verfolg des Weges physikalischer Schulkenntnisse zum Erwachsenenwissen Fundamentales im Lehren von Wissenschaft zutage: Jungen Erwachsenen und Jugendlichen mit Volksschulabschluß wurden leichte physikalische Fragen gestellt, zum Beispiel: „Wie kommt es, daß der Wind weht?" Die Antwort ist meist verblüffend: „Für die Entstehung des Windes werden am häufigsten die

---

1) Die Spaltung des Bewußtseins durch theorieverpflichtetes, wahrnehmungsfremdes Lernen beschreibt (für den Wissenschaftler beschämend) Helmut Kienzel in [42]

Erddrehung und die Bewegung der Meere verantwortlich gemacht."

Auch bei ähnlichen, anderen Fragen ist nur etwa ein Drittel der Antworten einigermaßen der physikalischen Lehre entsprechend. „Hätte es sich nicht um eine wissenschaftliche Untersuchung, sondern um eine Klassenarbeit oder Abschlußprüfung in Physik gehandelt, so wäre also rund die Hälfte der Probanden durchgefallen. ... So scheint es fast, als sei vom kurzfristigen Schulwissen sowohl lang- als auch mittelfristig so gut wie gar nichts übrig geblieben. ... Demnach haben schulische Informationen über physikalische Sachverhalte so gut wie keinen Einfluß auf die mittel- und langfristige Ausprägung physikalischer Konzepte in den Köpfen der Betroffenen"([81] S.77-79).

Man könnte nach hundert Jahren unermüdlichem Aufwand an Sachausstattung, Lehrerstunden, Unterrichtsforschung und Schulreformen an der Belehrbarkeit der Spezies Schüler schlechthin zweifeln. Besser dehnt man aber diese Zweifel auf das Lehrsystem selbst aus. Welchen Nutzen haben zusammenfassende, abstrakte Theorien für das Lernen? Brämer folgert aus dieser und ähnlichen Untersuchungen: „Der Allgemeingültigkeitsanspruch des prinzipienorientierten Physikunterrichts erweist sich damit nicht mehr nur unbedingt als Vorteil, sondern in praktischer Hinsicht unter Umständen auch als Nachteil für die Schüler. ... Denn genaugenommen sind auch diese Prinzipien nur Beschreibungen der Natur, ihre Uminterpretation zu Erklärungen beruht lediglich auf der in der Didaktik weitverbreiteten Gleichsetzung von Verallgemeinern und Verstehen. ... Die physikalischen Erklärungen sind zwar nützlich, aber in der Regel nur für die professionell in und mit der Wissenschaft Beschäftigten, von denen sie ja im übrigen auch stammen. ... Offenbar besitzt die Bevölkerung mehrheitlich ein gänzlich anderes Verhältnis zur Natur als die beruflich in diesem Bereich tätigen Naturwissenschaftler einschließlich ihrer schulischen Vertreter" ([81] S.82-84). Die Kinder haben offenbar genau so wie die Erwachsenen ein durch verallgemeinernde, „prinzipienorientierte" Wissenschaftsbegriffe unzerstört bleibendes Verhältnis zum Erleben, das durch „Konkretheit, Nützlichkeit und Gebrauchsfähigkeit des Naturwissens" charakterisiert ist. Es stellt keine durchgehende „emotionsfreie Distanz zwischen beobachtendem Subjekt und beobachtetem Objekt" her. Im Gegenteil: Es läßt Einfühlungskräfte mit der Welt verwachsen. Handelt es sich hier nicht ganz schlicht um das lebensweltliche Naturbild des *Menschen*? Warum arbeitet die Schule dann an einer Extrasache und nicht daran?

Vielleicht gibt es ja ein Dogma (seit Descartes? seit Kant?), etwa der Zielrichtung: An Wahrnehmungen und Naturtatsachen darf nur dann erhellend, gedankenbildend, Zusammenhänge suchend gearbeitet werden, wenn das im Auftrage der abstrakten, der „endgültigen" und der heute technisch verwertbaren Wissenschaft geschieht — zum Beispiel unter Leitkategorien wie 'Teilchen' oder 'Energieerhaltung'. Wenn es ein solches Dogma gäbe, wäre auch verständlich, daß man trotz Verschlechterung der Ergebnisse die Verwissenschaftlichung im Anfangsunterricht weiter vorantreibt, wohl weil man glaubt, anders gar nicht lehren oder das Lehren verwalten zu können: „Seit Daumenlangs Analyse [22] hat sich der Physikunterricht auch in den Hauptschulen eher mehr als weniger auf die Vermittlung des elementarisierten Wissenschaftsparadigmas kapriziert. Die Folgen dieser Entwicklung — zunehmende Formalisierung des Wissens und Unlust am Physikunterricht — hätte man auf der Basis der Daumenlangschen Arbeit längst voraussagen können. Dennoch mußte mehr als ein Jahrzehnt wissenschaftsorientierten Unterrichts vergehen, bis der vermeintliche Fortschritt als die von Daumenlang prophezeite Sackgasse erkannt wurde — und dies nur von wenigen, deren schülerorientierte Alternativkonzepte derzeit noch allen Lehrplänen und Lehrmeinungen entgegenstehen" ([81] S.87).

Die herrschende Lehrpraxis fordert Disziplin, Entsagung vom Schüler, damit er die „graue Theorie" des wissenschaftsbezogenen Unterrichtsansatzes fest in sich aufnimmt. Man bietet Einstiege, Motivationshilfen, Medien, dosiert und elementarisiert: man will ihn ja berücksichtigen, den „teuren Freund" Schüler. Grau, teurer Freund, ist alle Theorie, aber wir helfen dir, dich doch darauf einzulassen, portionsweise das Widerwärtige zu löffeln, denn grün winkt des Lebens goldener Baum von Ferne! Der wird dir später zuteil, wenn du das hinter dir hast. ... Später oder nie?

1.2 Woran fehlt es also?

Daß die geschilderte Didaktik nicht nur unmenschlich (weil den Menschen ausblendend), sondern — und das hängt damit zusammen — unwirksam und unökonomisch ist, kann immer wieder schnell gezeigt werden und wurde vielfach gezeigt, zum Beispiel in zwei Arbeiten zum Fach Chemie, erschienen in der Zeitschrift „Der mathematische und naturwissenschaftliche Unterricht".

Wir führen Autoren an, deren positive Einstellung zum herkömmlichen Chemieunterricht sie über allen Verdacht des Nörgelns erhaben macht. Der Lehrbuchautor Rüdiger Fladt untersucht, warum Schüler trotz ständig erneuerter Unterrichtsplanungen immer weniger wissen: „Die seit Ende der sechziger Jahre gültigen Lehrpläne fast aller Bundesländer mit ihren starken theoretischen Gehalten sind nicht erfüllbar, ohne daß es zu starken Frustrationen der Schüler und/oder — bezüglich vieler Inhalte — nur zu oberflächlichen Kenntnissen ohne echtes Verstehen oder gar die Fähigkeit zum Beurteilen kommt" ([30] S.327). Der Lehrbuchautor Siegfried Nöding erkennt, daß „das Eigenschaft-Struktur-Denken sowie das Modelldenken im gegenwärtigen Chemieunterricht überbewertet wird, was zwangsläufig bei Schülern wie bei Lehrern zu einem hohen Motivationsverlust führt."[2]

Die Anklage ist deutlich: Theorielastigkeit und Pseudowissenschaftlichkeit. Erhoben wird sie aber nicht nur aus Einsicht in das Wesen der Sache, sondern mit Berufung auf die *Schüler*. Wessen Herz wird nicht höher schlagen, wenn das strukturorientierte Curriculum mit seinen fixierten Lernzielen versinkt und ein situatives, fragendes Lernen aufblüht, mit schülerbezogenem Projektunterricht? Nun könnten entwicklungspsychologisch plazierte Anreize gegeben, könnten Interessenlage und Lernstil jeder Altersstufe, ja fast jedes einzelnen Kindes berücksichtigt werden.

Wir verstehen das Ganze als Notruf nach einer sach- *und* schülergerechten Didaktik. Das Notwendige ist so meilenfern und scheint doch so nah auf der Hand zu liegen, daß wir fragen müssen, wie sich Lehrer, vernünftig strebende Menschen, zu so etwas Unvernünftigem locken oder zwingen lassen, wie es der theorieorientierte naturwissenschaftliche Unterricht offenbar ist.

Will man an diese Fragen herantreten, muß man ehrlich bekennen: Jeder Lehrer, an staatlichen Schulen wie an Waldorfschulen, ist von den abstrakten Tendenzen in seinen tieferen Einstellungen ergriffen — auch wenn er beginnt, sie abzulehnen. Früher gab es den religiösen Bezug allen Lehrstoffs, heute die Wissenschaftsorientiertheit. Jeder hat

---

2) [65], Seite 450. Seinem Beitrag hat Hans Rudolf Christen [20] widersprochen, ohne auf uns überzeugend zu wirken.

sie tief in sich. Das erwähnte Dogma der Verwissenschaftlichung beruht (wie jedes Dogma) auf einer Ohnmacht: Man ist nicht in der Lage, anstehende Probleme des Umgangs mit Wahrnehmungen schöpferisch zu gestalten.

„Der Grund", sagt Brämer, „für das beharrliche Festhalten der etablierten Fachdidaktik an ihren spätestens von Daumenlang falsifizierten Grundsätzen — und damit vermutlich auch der Grund für die allfällige Verdrängung der Daumenlangschen Untersuchung — dürfte nicht zuletzt darin zu suchen sein, daß es nichts nützt, nur stückchenweise auf das Alltagsparadigma der Schüler einzugehen. Denn in demselben Moment, in dem man etwa nach einer alltagsorientierten Motivationsphase wiederum zum Wissenschaftsparadigma zurückkehrt, stellen sich sofort die bekannten Schwierigkeiten ein. Andererseits bleibt jedoch in einem durchgehend schülerorientierten Physikunterricht sehr bald so gut wie nichts mehr von der herkömmlichen Physik übrig" ([81] S.87). Wie will man aber dann lehren? Wo sind alternative didaktische Konzepte tatsächlich durchgeführt?

1.3 „Partizipation am menschlichen Wissen" als Ausweg

1.3.1 Sinnlichkeit

Der erste Schritt eines, wie Brämer sagt, schülerorientierten naturwissenschaftlichen Unterrichts wäre das Aufsuchen der ursprünglichen, im Alltagsverstehen der Schüler lebenden Fragen gegenüber den zu behandelnden Wahrnehmungskomplexen, gegenüber Wahrnehmungen überhaupt. Das ist etwas völlig anderes als die berühmte Frage nach der gesellschaftlichen und politischen Relevanz. Besonders Johannes Flügge hat solches herausgearbeitet:

> „Dieses (gesellschaftliche) Hinterfragen bezieht sich dann nicht auf den sachlichen Gehalt des verdinglichten Wissens, sondern auf die angeblich in jedem Wissen verborgenen fremden materiellen Gruppeninteressen" ... (— die nun auch noch gewußt werden sollen!—) „Aber es handelt sich im Unterricht ja nicht um die Vermehrung magazinierten und zum größten Teil aktuell ungewußten Wissens (— ein seltsames Paradoxon! —), sondern um Entfaltung und Erweiterung des menschlichen Bewußtseins. Und es handelt sich darum, zu

einer Partizipation am menschlichen Wissen anzuleiten, die nicht eines emanzipatorischen Anhangs bedarf, sondern im Vollzug schon die Erfahrung bewußtseinserhellender Emanzipation schenkt. ... Es ist das Fragen, das Eingefangensein in einer Frage, die Unruhe, für einen Wahrnehmungskomplex keinen Begriff zu haben, aber ihn finden zu wollen; aber auch umgekehrt: für einen Begriff die Anschauung suchen zu müssen, die sinnenfällige Gegebenheit" ([31] S.65,68).

Das wäre also für den Anfang das Richtige: den Sinnesqualitäten nachgehen. Wie klingt doch Bronze anders als Stahl; was erlebt man am ersten Lichtschein nach langer Finsternis? Wie fließt kaltes Wasser anders in seinen Wellen als heißes?[3] Ohne Zeitdruck kann sich jeder Schüler auf seine Art in die Wahrnehmungen einleben. Es wird nicht nur rasch ein Signal der Sache konstatiert, sondern man hat den Atem, in Ruhe zu erleben.

Wo kein systematisches Wissensgebäude zurechtgezimmert werden muß, kann man die Gebiete rascher wechseln. Auf einige starke qualitative Eindrücke, z.B. zur Akustik folgt nicht weiter eine in schrittweisen Experimenten weiter abzusichernde Theorie dieses Gebietes, sondern in unvermittelter Wendung geht man z.B. zur Optik über, zur Farbenlehre; und später an ganz anderer Stelle kommt man wieder zur Akustik zurück. Dadurch entstehen immer wieder ursprüngliche Erlebnissituationen. Die Gesten der Gebiete heben sich gegeneinander ab. Die Vielfalt der Erscheinungen veranlagt die Schüler zur Weltoffenheit.

Die frische Sinnesfreude ist dem Alter zwischen 12 und 14 heilsam, so daß jedes In-sich-hineinbrüten aufgelichtet wird. — Entfällt der Druck der Stoffbewältigung, so braucht man die Wahrnehmungserlebnisse nicht aus theoretischen Fragen anzuzielen, um einige Signale und Meßwerte rasch wieder in Theorien und Formeln umzusetzen, sondern kann die erlebten Erscheinungen in der Rückbesinnung charakterisieren, gliedern und zu anschaulichen Berichten ausgestalten. Man kann Zeichnungen erarbeiten, die ästhetisch und funktional zugleich sind. Und man wird schließlich nicht in abstrakten Gesetzen, sondern in sprechenden, konkreten Vergleichen Zusammenhänge suchen. Das soll im Abschnitt 1.5 an einem Beispiel entwickelt werden.

---

3) Versuche hierzu sind beschrieben in [55]

1.3.2 Gemeinschaftsbildende Dimension

Es gibt noch eine ganz andere Dimension eines „partizipierenden" Unterrichts: die soziale[4]. Dringt man tief genug in Sinnesqualitäten und anschauliche, vergleichende Zusammenhänge ein, so sprechen nicht nur die schnellfertig kombinierenden, intellektuellen Kinder mit, sondern auch die mehr gemüthaft veranlagten; ja auch die ganz langsamen Schüler, die nie etwas abschließend zu formulieren vermögen, können ihre Eindrücke beisteuern, können Einfälle vorbringen. In einer intellektuell nicht ausgelesenen Klasse kann es für die Schüler immer neu überraschend, herzhaft belebend und damit menschlich bildend sein, wenn sich alle Schüler den anderen in der Art ihres Auffassens ganz individuell mitteilen. Die Gemeinschaftserlebnisse einer gemischten Klasse sind das billigste, weil natürliche Sozialisationsmittel. Jeder junge Mensch sollte und möchte auch die ganz anders Denkenden seines Jahrgangs wahrnehmen, ehe er im späteren Leben — leider — in eine bestimmte Schicht hineinwächst. Ein verwissenschaftlichter, am Aufbau der Fachdisziplin orientierter Unterricht führt aber notwendig zur Sortierung der Schüler, weil er nur mehr die intellektuellen Persönlichkeitsschichten anspricht, und sich die Schüler so zwangsläufig auseinander entwickeln müssen.

Nicht nur zum Heil des Einzelnen, sondern auch der Gemeinschaft muß also danach gestrebt werden, die emotionalen und affektiven Bereiche der Schüler fundamental — nicht nur kompensatorisch[5] — in den Lernvorgang einzubeziehen. Die Lernsituation muß Gefühl, Gemüt und Wille ansprechen. Es soll nicht nur etwas zu wissen, sondern auch etwas zu tun geben. Und der Schüler muß mit seinem Gefühl eintauchen können in die Sache, die ihn neue Seiten der Welt erleben läßt. — Das sind keine neuen Forderungen. Wie kann man ihnen tatsächlich entsprechen?

---

4) Wie sehr von dieser sozialen Seite her das Lernen positiv beeinflußt werden kann, haben H. Bartels, G. Freise und F. Heidorn in ihrem Beitrag [3] belegt.

5) Dieses Mißverständnis könnte der Titel des Artikels von Bartels, Freise und Heidorn [3] hervorrufen: schülerorientierter Unterricht als Therapie — aber das ist wohl nicht die Auffassung der Autoren.

Der Wunsch nach starkem Eintauchen in ein Gebiet ruft nach dem Epochenunterricht[6]. Dann müssen aber die Erscheinungen, die „Versuche" der Physik und Chemie, nicht nur nach ihrem Informationswert, sondern auch nach ihrem Erlebniswert angesetzt werden. Und tritt dann an die Stelle des Lehrbuchs das individuell berichtende Epochenheft, so kann das Behandelte in gestaltendem Tun verinnerlicht werden. Vieles aus der Praxis des Waldorfschulunterrichts ließe sich auf dieser Linie anbringen.

Aber nun fangen die von Brämer (und uns) Kritisierten an, Gegenfragen zu stellen: Alles klingt so warm, so individuell, so menschlich! Bleibt davon etwas für das Leben übrig — an Wissen, an fachlichen Fähigkeiten? Oder ist das alles nur ein kindliches Zwischenspiel, ergebnislos, wie jener wissenschaftsgeprägte Physikunterricht der eingangs zitierten Untersuchung von Daumenlang?

Dieser herrliche, schülerorientierte Unterricht, entwickelt er schließlich auch *Gedankenkräfte* im Schüler, oder immer nur Gemütskräfte? Grün ist des Lebens goldener Baum, doch wo wird die Gedankenklarheit erübt, um einmal die größeren, notwendig abstrakteren Zusammenhänge zu fassen, die heute in vielen grauen Betrachtungen die industrialisierte Welt bestimmen? Indem man die graue Theorie ausmerzt, droht das ganze Unternehmen Physikunterricht in situativen Erlebnisgestalten wegzuschwimmen.

1.3.3 Zum „ursprünglichen Verstehen" muß „exaktes Denken" treten[7]

Wenn Wissenschaft heißt, sich zu einer allgemeinen Sicht der Zusammenhänge zu erheben, um das einzelne davor zu rechtfertigen, so ist das nicht nur akademisches Ideal, sondern eine in jedem Menschengeist liegende Kraft des Bewußtseins. Sie ist nötig. Sie wird den Unterricht gerade dann nicht grau machen, sondern befruchten, wenn sie in dem

----

6) Dies ist auch die Forderung Wagenscheins, vgl. z. B. [109], S. 90

7) Diese von Wagenschein (vgl. [108]) übernommene Wortwahl, die Gemeinsames artikuliert, soll nicht verwischen, daß der naturwissenschaftliche Unterricht an Waldorfschulen (vor allem der naturwissenschaftliche Anfangsunterricht) methodisch auch andere Wege und Ziele verfolgt als von Wagenschein ins Auge gefaßt. Zum Begriff „exakt" vgl. auch Abschnitt 8.1 nachstehend.

verstehen wollenden Menschen selbst aufgeweckt und entwickelt wird. Liegt die Theorie nicht schon von Anfang an als graue Staubschicht auf den Erscheinungen, sondern entsteht sie als Aufbruch, als geistige Selbstfindung, dann stärkt sie das Lernen. Hierin lebt das „sokratische" Element, das Wagenschein fordert [109]. Das kann aber nur dann an der Sachbegegnung aufleben, wenn die Sache selbst in eine wissenschaftsweckende Form gebracht ist. Dies entspricht Wagenscheins Forderung nach dem „Exemplarischen". Im Bilde des Goetheworts: Die graue Theorie sollte nicht umgangen werden, sondern aus dem vollen Leben golden und fruchtbar sprießen. Das meint Wagenschein mit „genetischem" Lernen.

Alles Erleben muß in ursprüngliches Denken hinaufgehoben werden, sonst stumpft es ab und erzeugt nur Sensationslust. Nicht Strukturen und Ergebnisse der Fachwissenschaften sollen gepflegt werden, wohl aber die Grundfigur wissenschaftlichen Tuns: das zusammenschauende Denken[8]. In diesem Denken muß auch Brämers „Alltagsparadigma", zum Beispiel das der Physik, leben können. — In diesem Sinne sei nun eines der trockensten Gebiete der Physik, die Mechanik, als Unterrichtsvorschlag für eine 7. Klasse geschildert. Gerade an der spröden Mechanik muß es sich zeigen, ob emotionale und affektive Erlebniskräfte angefacht und von innen heraus zu Gedankenformen der Dinge erhellt werden können.

Wir sind damit an der kritischsten Stelle unserer Untersuchung angekommen. Einerseits ist zum Lernen nötig, daß die Gedankenkräfte voll aufleben, also Begriffe und Ideen gebildet werden. Andererseits erweisen sich moderne Theorien der Fachwissenschaften als didaktisch tot. Die Sache scheint prinzipiell unlösbar; mehr Leistungsdruck oder Darüberhinwegsehen, daß man nichts erreicht, sind wohl keine Lösungen. Hier soll etwas anderes versucht werden: eine Art zusammenschauendes Denken zu entwickeln. Das ist zunächst nicht in der Terminologie der Fachwissenschaften zu fassen.

---

8) Es wird im Folgenden auch deutlich werden, daß wir nicht „über das Denken reden" wollen, wie Hubert Teml in seinen „Materialien zum schülerzentrierten Unterricht" [102] auf Seite 97 fordert, sondern das Denken selbst tun wollen. Ja wir halten „das Bewußtmachen eigener Denkstrategien und Denkvorgänge" in diesem Alter für entschieden verfrüht.

„Dann ist es ja ungeprüft und darf nicht gelehrt werden!" wird man einwenden. Aber kann es nicht auch Bewährung an der Praxis geben? Ein fruchtbares Lernen könnte doch immer anders und individuell geformt sein und sich in der Schule und in späteren Lebensantrieben bewähren. Wie können Unterrichtsinhalte dann gefaßt werden?

1.4 Der Hebel — handgreifliches Experimentieren und einfühlendes Erleben

Von den vier, vielleicht auch einmal fünf (besser drei plus zwei) Hauptunterrichts-Wochen, die der Physik im siebten Schuljahr gewidmet sind, mag eine, höchstens zwei, auf Mechanik entfallen. Allein am Hebel und seinen Anwendungen kann man eine Woche arbeiten.

Der Hebel wird zum Beispiel mit der Brechstange eingeführt, einem Gerät, das auch *Hebe*leistungen vollbringt; Hebel kommt von Heben. Die Kinder erleben, wie man den lastenden, niederziehenden Kräften der Welt beikommt. Der Hebelbalken stammt ja aus dem Weltbereich der Gehölze, die gegen die Schwere aufstreben. So kann man ihn einsetzen, um anderes aufzuhebeln. Das geht auch, wenn man das mit Holzkohle reduzierte (also auch mit Lebensresten hervorgebrachte) Eisen zu tragekräftigen Stangen verarbeitet, die noch unwiderstehlicher das Niederlastende, Schwere in Bewegung bringen.

Man zeigt zum Beispiel folgenden Versuch: Ein zentnerschwerer Steinquader liegt am Ende auf einer Latte, so daß eine abgewinkelte Brechstange (sogenannter Kistenöffner) darunter fassen kann: Was ein starker Junge mit seinen Fingern nicht vermochte, vermag ein zartes Mädchen mit der Stange — auch dann noch, wenn viele Kinder auf dem Stein stehen.

Bald werden die Schüler herausfinden, daß es auf die Länge des Hebels ankommt. Die Stange muß irgendwie so angesetzt werden, daß der menschliche Arm eine Art Verlängerung erfährt. Das bestätigt ein Versuch mit einem langen Balken. Zwei Schüler sitzen auf einem schmalen Bänkchen. Ein Balken wird über einen hohen Holzklotz gelegt, so daß er unter die Bank faßt. Man probiert die Hebellänge aus, damit ein anderer Schüler mit seinem Gewicht — alle drei wiegen etwa gleich viel — die *beiden* samt Bänkchen anheben kann; bei anderer

Hebellänge nur *einen* Schüler.

Kann man Kräfte so ins Unermeßliche steigern? Das würde wohl sehr feste Hebelstangen erfordern. Überhaupt: Was geht im Innern der Stange vor sich? Wie erzeugt sie aus sich Kraftvermehrung? Steht sie innerlich überall unter gleicher Spannung? Wir belasten verschiedene Hebelstangen bis zum Knacken, Reißen und Brechen. Man leimt zum Beispiel aus gehobelten Latten drei Stangen zusammen, die alle die gleiche Lattenlänge, aber verschieden zusammengefügt, enthalten:

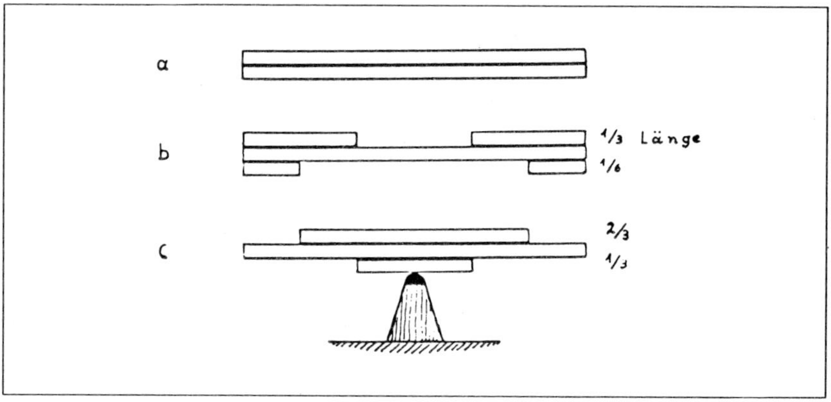

Abb. 1. Versuche mit verschieden zusammengeleimten Hebelstangen

Ein rundes Stück Holz nagelt man auf den Unterleg-Klotz als Drehpunkt. Die Stange b sollte bei einer Belastung, die von c getragen wird, sofort brechen, während a zwar bedrohlich knackt, aber noch nicht so schnell bricht. Die Biegeform der Stange zeigt zudem unmittelbar an, daß der Hebelarm beim Biegen oben gedehnt, unten gestaucht wird: also oben unter Zug-, unten unter Druckspannung steht. An der Stärke der Krümmung sieht man unmittelbar: Zum Drehpunkt nehmen die Zug- und Druckspannungen zu, am Ende ab.

Wenn ich zum Beispiel durch die rechts ansetzende Gewichtskraft ein *gleiches* Gewicht links im gleichen Abstand halte, so könnte ich ja auch – wie in Abb. 2 gezeichnet – statt des Gewichtes links ein viermal größeres näher dem Drehpunkt halten, ohne die Kraft rechts verändern zu müssen. Dann hat sich an dem inneren Spannungszustand

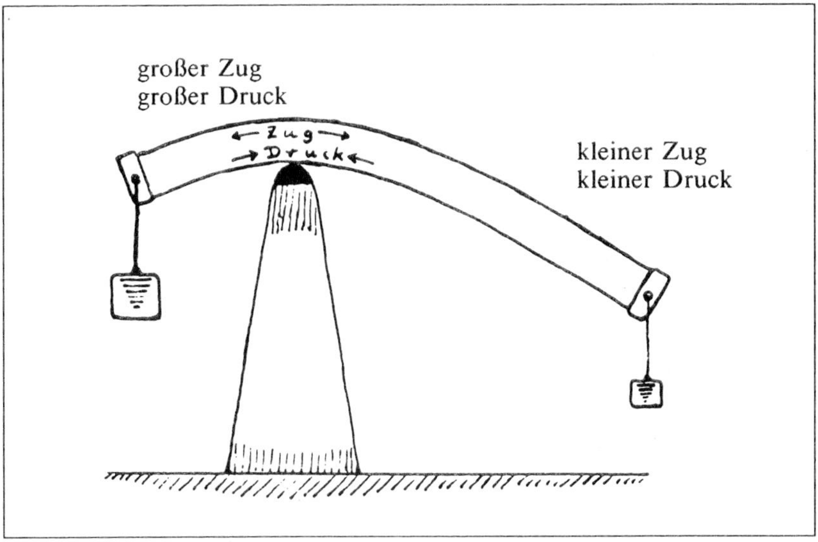

Abb. 2. Unterschiedliche Gewichte am Hebel

nahe dem Drehpunkt durch das Auswechseln des Gewichts links (kleines außen gegen großes mehr innen) nichts geändert, weil das unveränderte rechte Gewicht weiterhin die Waage hält. Die große Spannung des Hebelbalkens in der Nähe des Drehpunkts ist also *immer* dort vorhanden, auch wenn gar nicht das große Gewicht angehängt wird, sondern nur weiter außen das kleine. Zur Mitte zu steigen die Gewichte, die man dort aufsetzen könnte. Die vom Ende zum Drehpunkt fortschreitende Steigerung *äußerer* Kraftmöglichkeiten ähnelt der *inneren* Spannungssteigerung.

Solche Überlegungen sollen keine grüblerische Zutat zum an und für sich doch mathematisch klaren Hebelgesetz darstellen, sondern sie markieren das eigentliche pädagogische Ziel des Themas. Das Erlernen von Formeln und das Berechnen von Zahlenwerten und überhaupt alle reine Bewegungslehre (Phoronomie) bringt die Abstraktion aus den unteren Sinnen (Maß, Zahl, Linie) ins Spiel[9]. Es schult den vom

Erleben abgetrennten Intellekt.

Das Sich-Einfühlen in die inneren Spannungen der wirklichen Dinge dagegen führt zum Durcharbeiten der konkreten Erlebnisse *aller* Sinne. Der Schüler fragt sich: Wie würde ich mich unter der dort herrschenden Spannung fühlen, wenn ich das Holz dieses Balkens wäre, wo außen fortgesetzt diese Kräfte hereindrücken. Mit dem in der Kraft erlebbaren Willen werden Bewegungssinn, Gleichgewichtssinn und Lebenssinn zu Wahrnehmungen aufgerufen, die sich an die oberen Sinne anschließen, weil man sich ja an der sichtbaren Biegung und am hörbaren Krachen orientiert[9].

Wird nun der Balken bis nahe zum Bersten belastet, so erregt dieser Vorgang intensiv das Mitfühlen und Einfühlen. Dieses Gefühl kann nach dem Versuch charakterisiert und schließlich mit Vorstellungen, zum Beispiel der „örtlichen Spannung im Holz" durchwirkt werden. Der ganze Mensch ist damit ins Spiel gekommen. Das Wollen (untere Sinne) schreitet zur Erhellung über das Gefühl zum unterscheidenden Denken. Das Einbeziehen des Gefühls, seine Differenzierung durch Versachlichung ist im Alter zwischen 7 und 14 Jahren unerläßlich. Verfehlt wäre es deshalb, mit gewalthaften, hinreißenden Kraftversuchen sensationelle Ergebnisse zu bieten, um dann bloß äußerlich abstrahierend die Formel des Hebelgesetzes daneben zu setzen und dann nur noch zu rechnen. Solches hieße, über den (für sich selbst zur Chaotisierung laufenden) Willen eine dünne intellektuelle Schicht ziehen, hieße, Amüsement einerseits und Abstraktion andererseits an die Stelle gefühlsmäßig geführter Durchdringung setzen. „Wenn ihr's nicht erfühlt, ihr werdet's nicht erjagen!" (Goethe, Faust).

Ist eine gefühlsmäßige Verbindung zu den einzelnen Stellen des realen Hebelarms durchlebt, und ist man zu einer größenmäßigen Regel vorgestoßen, etwa des Inhalts: Je näher eine Kraft am Drehpunkt ansetzt, desto größer darf sie sein usw., dann könnte man — vom Pädagogischen aus argumentiert — getrost das Thema abbrechen; man würde vielleicht noch das formelmäßige Hebelgesetz mitteilen und von Beispielen berichten. Meistens wird man aber noch weitere Versuche

---

9) Hier ist die in der Waldorfpädagogik angewandte Zwölf-Sinnen-Lehre zugrundegelegt, vgl. z.B. [94].

zeigen und — nach sicherer Erlebnisverbindung — noch ein wenig rechnerische Beherrschung einüben, um die erwachenden intellektuellen Kräfte mit willensmäßigem Bemühen zu verbinden. Man kann zur Waage übergehen; dort ist schon von seiner Verwendung her und nun auch pädagogisch gesehen der innere Zustand des Hebelarms egal; es kommt nur noch auf die Zahlenwerte des Angehängten an.

Was unser Bruchversuch über Dicke des Hebelarms lehrte, ist bei alten Waagen als künstlerische Form anschaubar, so auf dem Bild „Melancholie" von Dürer, das in der Klasse anzuschauen wäre.

Man wird vielleicht noch den Unterschied zwischen einarmigem und zweiarmigem Hebel herausstellen (wir behandelten im obigen mehr den zweiarmigen): Beim einarmigen Hebel zieht man *in Richtung* der gewünschten Lastbewegung, beim zweiarmigen *entgegen*: Man drückt nieder, wenn sich etwas heben soll. Schließlich bieten sich vielerlei Anwendungen des Hebelarms an. Beim Straßenverkauf von Obst, zum Beispiel in Italien, trifft man noch auf die alte römische Handwaage (zweiarmig). Eine solche ist als Jägerwaage (Sauwaage) heute noch in Gebrauch und trägt gut einen Schüler — was wir im Versuch zeigen.

Der Flaschenöffner (Kapselheber) ist ein einarmiger Hebel, ebenso der Nußknacker, oft auch die Hebestange. Die Kneifzange wirkt als zweiarmiger Doppelhebel (zwei Hebel gegeneinander), der Spaten wird sowohl so als auch so gebraucht. Die lange Papierschere wird nahe dem Drehpunkt als eine Übersetzung ins Starke (etwa um eine Schnur durchzuschneiden), an der Spitze als Übersetzung ins Schnelle (langsame Fingerbewegung, schnelle Schnittbewegung) benutzt.

1.5 Zwischenbilanz: charakterisierendes Denken und offene Begriffe

Die im vorigen Abschnitt gegebene Beschreibung des Hebels sieht aus wie eine Unterrichtsanleitung. Sie mußte in diese Form gebracht werden, um das Gemeinte beispielhaft zusammenzufassen. Ein Curriculumbaustein soll sie aber niemals sein. *Jeder Lehrer muß die Sache selbst in sich beleben* und dann eine äußere Form zusammen mit den Schülern entwickeln. Er wird aber ähnlich wie hier, vieles in andeutende, zumindest aber offen bleibende, qualitativ charakterisierende Begriffe bringen — vielleicht ein Stein des Anstoßes für den wissenschaftlich gesonnenen

Lehrer und Leser. Da gab es zum Beispiel die ganz kurze, fast nebensatzartige Betrachtung zum Holz und Eisen der Hebelstange; oder die Etymologie des Wortes 'Hebel'; dann das Problem der „Kraftzunahme" (Spannungszunahme) längs des Hebelarms. Der Wissenschaftler im Lehrer wird manches als gerade noch zulässige Vereinfachung, anderes aber als ausschweifende, schlecht treffende Verallgemeinerung ansehen.

Nun haben wir aber eingangs an den Arbeiten von Daumenlang und Brämer erkennen müssen, daß alles, was restlos aufgeklärt und in gesicherte Wissensstruktur gebracht ist, zwar überprüfbar gelehrt, aber den meisten Schülern letztlich nicht *inkorporiert* werden kann. Der Schüler stößt offenbar das artfremde Implantat des Wissenschaftsparadigmas wieder ab. Gerade der wissenschaftlich Arbeitende wird es schwer haben einzusehen, daß das, was er gut kann, anderen unverdaulich bleibt — vielleicht gerade *weil* er es perfekt kann. Wer diese Einsicht ablehnt und weiter Unverdauliches verfüttert, verschwendet nicht nur seine hohen Güter, sondern hungert den Empfänger aus[10].

Offenbar muß der Lehrer, etwa der Klassen eins bis acht, versuchen, mit dem Grundgang des Unterrichts im „Alltagsverstehen" (Brämer) der Schüler zu bleiben, in diesem zu arbeiten, was natürlich wissenschaftlich-systematische *Erweiterung* nicht ausschließt. Diesem Alltagsverstehen kann nicht durch Definitionen und Strukturen, sondern nur durch gedankliches Hinarbeiten zu gestenhaften, qualitätsgesättigten Zusammenhängen der nötige Schwung gegeben werden. Ohne Denken geht es nicht[11].

Dieses *charakterisierende Denken* in offenen Begriffen muß der Lehrer individuell mit seinen Kindern entwickeln und formulieren. Und es muß ihm selbst welterschließend bedeutungsvoll werden! Die Verantwortung dafür, daß derartige quer durch alle Wissenschaftsgebiete angestellten Betrachtungen sinnvoll und im ganzen sachgemäß bleiben, kann der Lehrer niemals an „die Wissenschaft" delegieren. Das sprengt ja

---

10) Das angedeutete Problem ist komplizierter als hier angesprochen. In ihrer Welterkenntnis entwickeln verschiedene Menschen wohl verschiedene Zugriffe bezüglich ihrer Wahrnehmung, ihrer Vorstellungen und ihres Denkens. Daher spricht innerhalb einer Klasse das eine diesen, das andere jenen Schüler an.

11) Zur Einordnung des Denkens in den Prozeß der Welterfahrung vgl. Kapitel 2.

gerade den Rahmen, den eine Wissenschaft gegen die andere abgrenzt. Und wie sollte er sie danach befragen, ohne selber hundertfältiger Spezialist zu sein? Will er also große Zusammenhänge entwickeln, muß er einerseits auf seine eigene Erfahrung, sein Augenmaß vertrauen (und sich natürlich so weit wie möglich im Einzelnen sachlich informieren), auf der anderen Seite braucht er Schulung und Vorbilder einer lockeren, qualitativ orientierten Naturbetrachtung. Eine Art „alternative Naturwissenschaft" (vgl. [8]) im Goetheschen Sinn, die sich an die Phänomene hält und das Erleben nicht ausblendet, würde damit entstehen. Teilchenmodelle und abstrakte Erhaltungsgrößen treten dabei zurück gegenüber allgemein genug ausgesprochenen Phänomenen.

Man kann im Unterricht schließlich zu der Frage vordringen: Was bedeutet die Hebelbenutzung für den Menschen — in seinem Handeln? Der wissenschaftsorientierte Lehrer wird sogleich einwerfen: Hier sind kulturhistorische Quellen erforderlich. Technikgeschichte ist zu erarbeiten. Die Waldorfpädagogik schlägt einen anderen Weg ein: Wenn ich mich mit einem Balken zum Beispiel einem umgestürzten Fahrzeug nähere, habe ich vielleicht das Fahrzeug an einer Seite wegzurücken. Ich trachte nach Bewegung. Andererseits suche ich eine Auflage für meine Stange, einen festen Drehpunkt. Ich trachte nach Unbeweglichkeit. Zweierlei ist also im Bewußtsein gleichzeitig intendiert: Das In-Bewegung-setzen und das In-Ruhe-abstützen. Eine solche fast widersprüchlich ausgebildete Zweiheit ist nun etwas typisch Menschliches. Tiere der freien Natur benutzen keinen Hebel. Der Mensch dagegen hat mit dem Hebel und den nach seinem Prinzip arbeitenden Maschinen seine Zivilisation hervorgebracht: der Natur die eigene, herausgelöste Schöpfung entgegengesetzt. Nicht ohne Grund empfanden die alten Griechen dies als „Überlistung" — Techne wörtlich übersetzt heißt Überlistung. Nur als ein vom Zwiespalt berührtes Wesen vermag der Mensch Gegensätzliches im Bewußtsein zu vereinen und damit zu wirken.

Für unseren Zusammenhang kam es uns an auf die Weite und Unsicherheit der Begriffe, mit denen nach Wesentlichem gesucht wird. Die Suche mag auch zu sehr anderen Ergebnissen führen. Lehnt man aber eine Suche nach erlebbarem Wesentlichen, zum Beispiel nach dem Zusammenhang mit dem Menschen ab, dann wird gerade der so schöne schülerorientierte Unterricht ein oberflächliches Spiel, ein Reigen um den grünen Baum der goldenen Versuche, der immer nur so fortkreist, aber keine tiefer empfundenen geistigen Tätigkeiten anregt. Eine menschlich warme Rückkehr zu den Phänomenen und ihrem Erleben alleine bringt keine geistige Bildung: Erst das davon ausgehende Streben nach großen Zusammenhängen in Gedankenform überwindet die *Spaltung* des mephistophelischen Programms, verbindet das Graue mit dem Grünen, Verstand mit Erleben.

1.6 Vom Hebel zum Wellrad: qualitativ wertendes Bedenken

Das im Vorstehenden beschworene „freie gedankliche Verarbeiten" wird dem Leser noch nicht ganz verfügbar sein. Ist es Fachwissenschaft oder nicht? Geht es über empfindendes Erleben der Phänomene hinaus? Darauf ist zu antworten: Wohl geht es über die bloße Hingabe an die Wahrnehmungsinhalte hinaus. Es ist eine geistige Eigentätigkeit in offenen, das Erleben einschließenden Begriffen. Insofern ist es *Vorstufe* wissenschaftlichen Denkens mit seinen dann später gegenständlich definierten und Distanzierung erzeugenden Begriffen. Dieser Übergang vom Einfühlen in die Sache zum überschauenden Betrachten sei abschließend noch einmal an einem Beispiel gezeigt, das sich unterrichtlich an den Hebel anschließt.

Das Rad an der Welle setzt nach dem Hebel die Mechanik fort. Handelt es sich beim Hebel um Kräfte längs schwenkbarer Stangen, so gehen wir jetzt über zur Wirkung von Kräften in einer Achse (Welle), die fest gelagert ist und sich nur noch verdrillen kann. (In der tibetanischen Kultur wurde bis vor drei Jahrzehnten das Rad als abrollendes Rad an Wagen überhaupt vermieden.) Alle Beweglichkeit ist gefesselt an die Achse, an den ruhenden Punkt. Im Grunde drückt sich bei der Schaffung von Rädern wieder etwas von der Zwiespältigkeit und letztlich Freiheit des Menschen aus: Größte Beweglichkeit und stärkste Ruhe müssen als Umfang und Achse zugleich intendiert werden. Ähnliches fanden wir ja beim Hebel. Hier kommt etwas zur Naturschöpfung hinzu, das nur der Mensch aus seinen inneren Gegensätzen heraus erschaffen kann.

Während die Vorteile eines Laufrades, zum Beispiel an einem Pferdewagen, gegenüber einer bloßen Kufe, die über dem Boden schleift (Reibung!), leicht überschaubar sind, erfaßt man das Treibrad, d.h. das Maß der Kräfte, die von einer *Achse* aus das Rad treiben, nicht so leicht. Was geht im Inneren der Achse, die die Kraft irgendwie zum

Rad bringt, vor sich?

Wir behandeln also nicht das Laufrad und die Geschwindigkeitsverhältnisse der Übersetzungen. Stattdessen gehen wir direkt auf die Qualität von Kräften, auf die „Dynamik" der Sache los. Unsere allgemeine Betrachtung zum Thema Rad und Mensch hat uns auf die Gegensätze von Bewegung am Umfang und Ruhe im Mittelpunkt geführt. Gehe ich bei gleichbleibender Rotation etwa auf einem Radius immer weiter vom Mittelpunkt weg, so wird die Bewegung, die Bahngeschwindigkeit, die ich dort außen habe, unermeßlich groß. Bewege ich mich dagegen entlang des Radius auf den Mittelpunkt zu, so wird die Bewegung null — aber was wird dort mit der Kraft?

Dem gefundenen, noch keimkräftigen, nicht voll enthüllten Gegensatz von Umfang und Mittelpunkt gemäß können die Phänomene gestaltet, ihm entsprechend kann der ganze Unterricht aufgebaut werden. Solche umfassenden, charakterisierenden Betrachtungen dürfen eben nicht nur Zierat sein am fachwissenschaftlichen Gerüst. — Es kann einem plötzlich lockend werden, das eigentliche Geheimnis der Kräfte eines Rades nicht in äußeren Übersetzungsverhältnissen von Getrieben, sondern in Inneren der Welle zu suchen, sie bis hin zu den zentralen, ganz in der Mitte gelegenen Fasern zu verfolgen. Die Bewegung erstirbt, aber wie ist dort die Kraft, die Spannung?

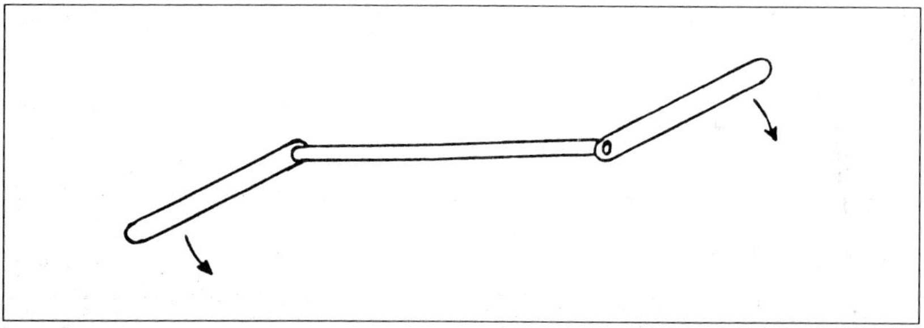

Abb. 3. Achse mit „Querhebel"

Zur Vereinfachung bedenken wir uns zunächst eine Achse mit nur einem Querhebel an jedem Ende (Abb. 3): Die Achse unseres Wellhebels ist der auseinander gezogene Drehpunkt zweier Hebel. Die Drehspannung, welche eine solche Achse innerlich ergreift und verformt, leitet Nutzkraft (die angebrachte Hebelkraft) von einem Ende zum anderen. Die Achse wird im Gegensatz zur Hebelstange auf der ganzen Länge *gleich* stark angespannt (verdrillt); jedoch nicht gleichmäßig über ihren Querschnitt. An ihrer äußeren Oberfläche, in der Mantelschicht, wird sie am meisten tangential (drehend) verspannt. Zur Mitte hin nimmt diese Spannung ab. Man könnte deshalb zur Materialeinsparung ein Rohr verwenden, ohne viel an Belastbarkeit zu verlieren. So sind kraftschlüssige Antriebswellen bei Fahrzeugen immer als Rohr ausgebildet.

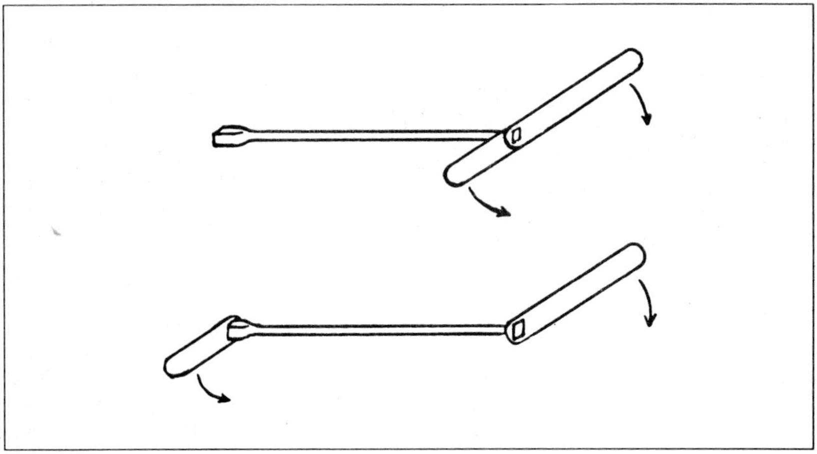

Abb. 4. Vom zweiarmigen Hebel zum Wellhebel

All dies entwickeln wir allmählich nach entsprechenden Versuchen. Dazu benutzen wir einen Wellhebel mit verschieden langen Armen und verdrillbarer Eschenholzachse. Er wird zunächst nur einseitig betrieben, das heißt: man steckt den kurzen Hebelarm auf die Seite des langen herüber und erhält so einen gewöhnlichen zweiarmigen Hebel mit durch die Achslager fixiertem Drehpunkt (Abb. 4).

Bei einem Kraftvergleich siegt der Schüler, der am längeren Hebel sitzt. Nun wird die Achse benutzt. Bei Belastung federt sie; die beiden Hebel verdrehen sich gegeneinander. Dabei wird die Achse (an einem aufgetragenen Längsstrich erkenntlich) über ihre ganze Länge verdrillt.

Fragt man naiv, so bekommt man meist die Antwort, daß die Achse auf der Seite des stärker drückenden Schülers (am kürzeren Hebelarm) auch stärker verspannt sei, obgleich der schräg verdrehte Längsstrich auf der Achse deutlich eine gleichmäßige Verspannung andeutet. Auf der einen Seite verschwindet die Spannung über den Vierkant in die Welle und kommt auf der anderen Seite wieder heraus. Die äußersten Vierkantflächenteile nahe den Ecken werden dabei besonders gedrückt. Wir sehen: Die meiste Spannung ist im Mantel der Welle, nicht im Kern. Wenn man sich selbst gefühlsmäßig an die Stelle der Welle versetzt, spürt man der Verdrillung innerlich nach, im Gegensatz zur *Verbiegung* beim Hebel.

Mit diesem Erlebnis wäre das pädagogisch Wichtige an der Welle geleistet. Es mag nun noch das Rad an der Welle und schließlich auch die zahlenmäßige Betrachtung folgen. — Man betrachtet zum Beispiel die Anordnung eines Wellrads am Brunnen, erst im Bild, später auch im Versuch. Erst kommt die Frage, wie bringt eine alte, gebrechliche Frau den Eimer hoch? Dann erst erscheint die (möglichst kugelgelagerte) Metallachse, die an den Enden große und kleine Kreisscheiben (Stufenscheiben) trägt, auf die Schnüre mit Gewichten aufgewunden werden können.

Man zeigt das wie schwerelose Auf- und Niederschweben vielleicht zuerst bei zwei gleichgroßen Scheiben, erlebt dann bei verschieden großen Scheiben die verschieden schnellen Bewegungsläufe der Gewichte und hält sie an, so daß das Gleichgewicht bei bestimmten Gewichtsverhältnissen deutlich wird. So kann man zum Schluß die Formel gewinnen. Diese ist dann nicht aus phoronomischen, kinematischen Betrachtungen, etwa aus den Geschwindigkeiten in Verbindung mit der „goldenen Regel der Mechanik" oder dem Energiesatz aufgestellt worden, sondern rein beobachtend, indem man sich in die Kräfte und Spannungen und Hebellängen bis zum Materialempfinden einlebt.

1.7 Nachbetrachtung: Woraus alternative Didaktik schöpft

Zu Beginn dieses Kapitels wurden einige Arbeiten von Fachdidaktikern referiert, die keine Waldorfpädagogik anwenden. Angesichts der bekümmernden Erscheinungen des fachwissenschaftlichen Unterrichts, der sich an die Lehrpläne hält, rufen sie nach Veränderung in Richtung auf einen mehr an den Phänomenen orientierten Unterricht. Aus der Literatur der letzten Jahrzehnte können stapelweise solche Arbeiten referiert werden. Ihr Erfolg in den staatlicherseits verordneten Lehrplänen ist fast gleich null. Das Rauschen im Blätterwald beschwichtigt, rührt aber offenbar nicht an den Wurzeln. Nur in großen Ausnahmen, etwa an der École d'Humanité, die nach Wagenscheins Methode arbeitet, findet man einen solchen phänomenologischen Unterricht.

Die phänomenologische Weltbetrachtung, das schöpferische Gestalten gedanklicher Zusammenhänge an Naturerscheinungen verlangt nämlich noch mehr als ein pädagogisch redliches Streben, Wissensbereiche zu lehren. Die phänomenologische Betrachtung erfließt nicht aus dem Suchen nach praktikabler Didaktik der Fachwissenschaft, sondern aus erkenntnistheoretisch-philosophischem Besinnen ihrer Grundideen.

So versteht man auch, warum das große Werk Wagenscheins zur Pädagogik der Physik leider so wenig weiterwirkt. Die sokratische Methode, so wie Wagenschein sie anwendet, ist ja ein strenges Ordnen der Gedanken und setzt daher einen selbst geleisteten Überblick des Lehrers über das Fachgebiet voraus. Ideenfähigkeit und Selbstkritik, die Waldorflehrern eine von den Phänomenen ausgehende Unterrichtsgestaltung ermöglichen, basieren auch bei ihnen auf erkenntnistheoretisch-philosophischem Besinnen von Grundideen.

Noch ein zweites Erfordernis kommt hinzu: die sogenannte emotionale Erziehung. Das ursprüngliche Denken, das ja mit den Schülern entfacht werden soll, entspringt ja auch aus emotionaler Betroffenheit. Die Sache muß dazu vom Lehrer vor allem durch die Experimente emotionshaltig gestaltet werden. Auch das wird hundertfältig in der didaktischen Literatur gefordert: „Emotionale Erziehung darf jedoch nicht auf bestimmte Fächer beschränkt bleiben. Sie ist ein Erziehungsprinzip, das sich durch alle Erziehungsfächer hindurchziehen sollte. ... Dies hat zur Folge, daß die Wissenschaftsorientierung des heutigen Schulwesens einer mensch- und lebensbezogenen Orientierung untergeordnet werden muß" ([1] S.148). Um diese Orientierung überhaupt erst einmal zu gewinnen, ist ein schöpferischer Umgang mit Erkenntnisfähigkeiten zunächst vom Lehrer anzustrengen. Darüber wurde zuvor gesprochen. Um diese Orientierung aber schulpraktisch ins Werk zu setzen, muß das emotionale Erleben erreicht werden. Das wird ja allgemein gefordert. Es darf aber nicht als Zierat, als vorübergehender Klamauk am trockenen Lernen geschehen.

Wie läßt sich das *von der Sache her* fassen? „Integriertes Emotionalangebot" oder so ähnlich müßte das Fachwort heißen. Bleibt aber noch die Frage: Wie macht man das? Um solches aufkommen zu lassen, muß die Unterrichtssituation vor allem *individuell* gestaltet werden. Lehrplangremien können das nicht vorwegnehmen. Das Angestrebte muß mit jeder Schülergruppe neu und anders entwickelt werden. Dazu ist erstens nötig, daß die Sache selbst im Erleben wurzelt. Zweitens muß dieses so genannte „Emotionale" altersgemäß gewählt werden. Damit ist viel gesagt. Denn auch das läßt sich nicht in der Datenbank speichern, sondern muß vom Lehrer individuell jeweils für seine Kinder gestaltet werden. Die Fähigkeit dazu — von selbst entsteht sie selten — kann er zum Beispiel durch ständiges Lernen an der Menschenkunde R. Steiners erwerben und wachhalten — *zum Beispiel*!

Die Luft
Hinführung zum erkenntnistheoretischen Ausgangspunkt des naturwissenschaftlichen Unterrichts an Waldorfschulen

2.
Die Luft
Hinführung zum erkenntnistheoretischen Ausgangspunkt des naturwissenschaftlichen Unterrichts an Waldorfschulen

2.1 Ein Gespräch mit Doris

Die phänomenologische Betrachtung erfließt nicht aus dem Suchen nach praktikabler Didaktik der Fachwissenschaft, sondern aus erkenntnistheoretisch-philosophischem Besinnen ihrer Grundideen, sagten wir am Ende des vorigen Kapitels. Was ist damit gemeint?

Wir betrachten zunächst zwei triviale Vorgänge:
1. Vorgang: Wir nehmen einen aufgeblasenen Luftballon und lassen ihn an unserer Wange leerströmen. Angenehm kühl empfinden wir unter Umständen den Luftzug, aber das Geräusch, das mit dem Leerströmen verbunden ist, empfinden wir vielleicht nicht gerade als musikalisch.
2. Vorgang: Wir lassen den erneut aufgeblasenen Luftballon nicht an unserem Gesicht, sondern diesmal in einer Wasserwanne ausströmen. Mit blubberndem Geräusch steigen Luftblasen im Wasser auf.

Die hier geschilderten Verhältnisse scheinen uns (sprachlich) so klar, daß eine erkenntnistheoretische Erörterung daran uns fast unmöglich erscheint. Doch wir wollen durch Verkomplizierung des vermeintlich Verstandenen an die Anfänge unserer Erkenntnistätigkeit heranführen.

Rudolf Steiner hat seine Erkenntnistheorie in der Auseinandersetzung mit Kant, Haeckel, von Hartmann, Dubois-Reymond und anderen und in Fortführung von Aristoteles und Goethe[12] entwickelt. Da Kant zunehmend weniger, Goethe und Aristoteles so gut wie keine Rolle in der naturwissenschaftsdidaktischen Diskussion spielen, wollen wir hier an Betrachtungsarten anknüpfen, die geläufiger sind: an die

---

(12) Die wissenschaftliche Dignität von Aristoteles und Goethe hat der Darmstädter Philosoph Gernot Böhme in jüngster Zeit herausgearbeitet. (Vgl. [8])

behaviouristische, an die materialistische und an Piagets Sichtweise.

Wir werden Doris bitten, ein Problem an den beiden soeben geschilderten Vorgängen aufzureißen. Doris ist ein mongoloides Mädchen von etwa 10 Jahren. Sie führt ein Gespräch mit einer Studentin, die sie kennt. Die Studentin hat einen Luftballon an einem Glasrohr vorbereitet. Sie bläst den Luftballon auf, hält ihn an Doris' Backe und läßt die Luft herausströmen.
Studentin: „Was ist das?"
Doris: „Luffft."
Nun hält die Studentin das Rohr unter Wasser und läßt dort die Luft herausströmen: „Was ist das?"
Doris: „Blubb-blubb."
Studentin: „Ist das auch Luft?"
Doris: „Blubb-blubb."
Die Studentin hält das Rohr wieder an Doris' Backe: „Was ist das?"
Doris: „Luffft."
Und während die Studentin nun den Luftballon von Doris' Backe wegführt und ihn schließlich unter Wasser leerströmen läßt, fragt sie: „Schau mal Doris, ist das auch Luft?"
Aber Doris bleibt dabei: Für sie ist das wieder „Blubb-blubb".

Doris lehrt uns, daß die Luft, die an ihrer Backe vorbeistreicht, und die Luft, die unter Wasser das Blubb-blubb hervorruft, keineswegs so selbstverständlich ein und dasselbe ist. Wir können die Situation auch so sehen: Doris benennt gar nicht den gasförmigen Inhalt des Ballons, den Stoff 'Luft', sondern ihre beiden unterschiedlichen Sinneswahrnehmungen. Die vorwiegend taktile mit der Haut nennt sie „Luffft", die vorwiegend akustische „Blubb-blubb". Ganz konsequent muß sie verneinen: 'Luffft' ist nicht 'Blubb-blubb'.

2.2 Die Deutung der Behaviouristen

Die Behaviouristen sagen dazu: Doris besitzt keinen Begriff 'Luft' und meinen damit: auf zwei verschiedene *Reize* gleicher Ursache wird nicht mit der gleichen *Reaktion* „das ist Luft" geantwortet. Für die Behaviouristen sind Begriffe „logische Klassen, die durch Wörter benannt sind" ([67] S.19ff). 'Luft' wäre das Wort für eine Klasse ganz bestimmter gemeinsamer (stofflicher) Ursachen.

Wie sich Behaviouristen vorstellen, daß Begriffe gebildet werden, kann man an ihrem psychologischen Testinstrumentarium ablesen: Sie legen Bild- und Wortkärtchen vor, lassen ordnen, nach Ähnlichkeiten suchen, fragen nach Worten für „Gemeinsames" in Serien. „Die ideale Form," heißt es im vorhin zitierten Lehrbuch, "besteht in der Bildung eines Oberbegriffs, der durch das Auffinden eines allen Objekten der Serie gemeinsamen Merkmals zustandekommt" ([67] S.24) In einer berühmten Untersuchung, die nicht nur mit amerikanischen Kindern, sondern auch mit mexikanischen, senegalesischen und Eskimokindern durchgeführt worden ist (vgl. [68]), gehört 'Luft' nach Aussagen der Testkonstrukteure zur Klasse des „Eßbaren"!

Aber wie soll ich den Begriff 'Luft' bilden, denn die Luft, die an meiner Backe ausströmt, erscheint mir doch wirklich völlig anders, als die, die unter Wasser ausströmt? Das gemeinsame Merkmal: der kleiner werdende Ballon, führt uns nur auf den Ballon, nicht auf die 'Luft'. Die Behaviouristen helfen uns nicht weiter.

2.3 Eine Deutung im Sinne Piagets

Nach der Piagetschen Theorie könnte man Doris' Antworten so interpretieren: Doris verfügt nicht über ein *Schema* 'Luft'. In der Kommunikation über die beiden Handlungs- /Wahrnehmungsabläufe (Ballon an Haut/Ballon unter Wasser) beharrt sie auf zwei getrennte Ursachen. Die Luft des Ballons ist (noch) kein „permanentes Objekt" geworden; es sind noch keine verinnerlichte, untereinander koordinierte Handlungsabläufe, die das Schema 'Luft' „komponieren"[13].

Das psychologische Untersuchungsinstrumentarium der „klinischen Interviews", das Jean Piaget entwickelte, erscheint uns gegenüber dem behaviouristischen schon subtiler und näher am Wesentlichen. Sein Werk beschreibt eine „Embryologie der Vernunft"[14]. In Piagets „genetischer" Erkenntnistheorie ist die Frage „Wie läuft Erkenntnis ab?" so gut wie identisch mit der Frage nach dem *Anwachsen* der Erkenntnis ([77] S.26). „Anwachsen" kann man getrost im doppelten Sinn des

----

13) Genauer: Vgl. [77], Seite 42 ff

14) Vorwort (1949) zu [74], Bd I, S. 10

Wortes verstehen:

- als keimen und sich mit dem Nährboden verbinden, also Verwurzelung der Erkenntnis in der (objektiven) Welt und
- als vermehren und differenzieren des Wissensbestandes.

Aus den Reflexen des Neugeborenen entwickelt sich nach Piaget die Erkenntnistätigkeit: „Der Säugling gibt weder Anzeichen eines Bewußtseins seiner eigenen Existenz, noch solche einer festen Grenze zwischen seiner Innenwelt und dem äußeren Universum", schreibt Piaget. „Dieser 'Adualismus' dauert so lange, bis sich ein bewußtes Ich ausgebildet hat, wobei dieses Ich dem anderen Menschen sowohl entspricht, als auch im Gegensatz dazu steht" ([77] S.33). Das „was später zum Subjekt wird, ist der eigene Körper, auf den der Säugling alles bezieht, als ob es das Zentrum der Welt wäre" ([77] S.34). Piaget beschreibt, wie Wiederholung (z.B. einer Greifbewegung), Wiedererkennen (z.B. einer Person) und Verallgemeinerung als Tätigkeiten des Säuglings zugleich Subjekt *und* Objekt konstituieren.

Für Piaget bildet sich das Ich in der „sensumotorischen" Entwicklungsphase gleichzeitig mit der "Welt" sozusagen aus dem Nichts heraus.[15] Ich und Welt bleiben danach im Erkenntnisvorgang nicht auseinander dividierbar aufeinander verwiesen: Das „untrennbare" Wechselspiel von „Assimilation" (Einverleibung der Welt) und „Akkomodation" (Anpassung an die Welt)[16] sorgt dafür, daß meine Erkenntnis sich weder im extremen Subjektivismus von der Welt völlig loslöst, noch in einem extremen Objektivismus gar nichts mehr mit mir zu tun hat, daß ich also weder zu befürchten habe, 'Luft' (als gemeinsame Ursache von Wangengefühl und Blubb-blubb-Geräusch) sei bloße Einbildung, und *eigentlich* hätte Doris ja ganz recht, wenn sie zwei Begriffe wählt, noch fürchten muß, 'Luft' sei das eigentlich Existente, und Wangengefühl und Blubb-blubb-Geräusch hätten nichts mit der Luft zu tun – ganz im Sinne des gerne nur zur Hälfte zitierten[17] Demokrit-Zitats „Es gibt euch nicht: Das Bunte, das Süße, das Bittere, sondern nur die

----

15) Wir werden sehen, daß Piaget und Steiner unter „bewußtes Ich" nicht dasselbe verstehen.

16) [74], Bd III, Seite 265, vgl. den ganzen Abschnitt „Das Subjekt und das Objekt im wissenschaftlichen Denken".

17) Vgl. [113] und Kapitel 6 nachstehend

Atome und den leeren Raum."

2.4 Zwischenfragen

Piagets Erkenntnistheorie reduziert Denken und Erkennen auf biologisch verstandene Funktionen, die mit der Elle der mathematischen Logik gemessen werden. Die Metaphern, in die er seine Erkenntnistheorie kleidet, sind der Physik und der Biologie entnommen. Die Möglichkeit von Intuition stellt er in Abrede und hält sie für Illusion[18]. Nicht nur aus diesem Grund ist seine Erkenntnistheorie trotz mancher Zustimmung aus der Sicht der Steinerschen Erkenntnistheorie unbefriedigend: Greift die Piagetsche Vorstellung von der Entstehung des 'Ich' aus verhaltensbiologischen Grundmustern nicht viel zu kurz? Wird die Entdeckung des eigenen Ichs nicht ganz anders erlebt?

Jean Paul, C. G. Jung, Christa Wolf und andere beschreiben den „Augenblick des überwältigenden Gefühls" ([40] S.38), in dem sie erkannten, ein unverwechselbares „ICH" ([118] S.11—14) zu sein, als einen Augenblick ungeahnter Intensität („wie einen Blitzstrahl vom Himmel" ([71] S.29). Diese Entdeckung ist ein Denk-, ein Erkenntniserlebnis, das jeder nur für sich haben kann. Und mit diesem Ich ist ja keinesfalls der — sagen wir etwa 25 kg schwere — Körper gemeint. Es leuchtet etwas auf, das weit darüber hinausgeht. Die Erfahrung des Menschen, ein geistiges Wesen zu sein, kommt in Piagets Theorie nicht vor.

Eine weitere Frage erscheint unbefriedigend beantwortet: Ist Piagets dualistische Aufspaltung in 'bewußtes Ich' und 'Welt' wirklich unüberwindbar oder bildet nicht gerade das *Denken,* dieser einmalig menschliche Tätigkeits- und Erlebnisbereich die Nahtstelle, den „Archimedischen" Hebelpunkt ([96] S.41), zwischen Welt und Ich, so daß sich doch eine Möglichkeit der Überwindung des Dualismus hin zu einem (später von Steiner neu begründeten) Monismus ergibt?

Weiterhin: Läßt sich Erkenntnis nur über das Handeln an der Welt absichern, wie Piaget meint? Ist der sinnlichen Wahrnehmung der

---

18) vgl. [76] Kap. III

gebührende Platz eingeräumt und gibt es nicht auch vertiefte Formen der Erkenntnis, die das Tagesbewußtsein überschreiten, also die Situation, die C. G. Jung so beschreibt:

„Der Unterschied zwischen den meisten anderen Menschen und mir liegt darin, daß bei mir die 'Zwischenwände' durchsichtig sind. Das ist meine Eigentümlichkeit. Bei anderen sind sie oft so dicht, daß sie nichts dahinter sehen und darum meinen, es sei auch gar nichts da. Ich nehme die Vorgänge des Hintergrundes einigermaßen wahr, und darum habe ich die innere Sicherheit. Wer nichts sieht, hat auch keine Sicherheit und kann keine Schlüsse ziehen, oder traut den eigenen Schlüssen nicht. Ich weiß nicht, was es ausgelöst hat, daß ich den Strom des Lebens wahrnehmen kann." ([40] S.357)

Damit führen wir allerdings sehr weit fort von einer Denkrichtung, die sich im philosophischen Materialismus ihr Theoriegebäude errichtet hat, und die wir hier schon deshalb nicht übergehen können, weil sie sowohl im naturwissenschaftlichen Unterricht sozialistischer Staaten als auch in Westeuropa und Amerika beträchtlichen Einfluß ausübt. Bevor wir uns also der Erkenntnistheorie zuwenden können, die dem Unterricht an Waldorfschulen zugrunde liegt, müssen wir noch den Materialisten um seine Meinung zum Erkenntnisproblem befragen.

2.5 Materialistische Erkenntnistheorie

„Als vollendeter Materialismus ist die marxistisch-leninistische Philosophie konsequenter materialistischer *Monismus.* Er stellt jenes philosophische Instrumentarium dar, das es gestattet, die Einheit der Welt in ihrer Materialität zu begreifen und sie adäquat auszubilden. Der materialistische Monismus erweist sich als fester theoretischer und methodologischer Orientierungspunkt, von dem aus an beliebige Erscheinungen und Prozesse der Natur, der Gesellschaft und des menschlichen Denkens von einer *einheitlichen* Grundposition aus heranzutreten ist" ([45], S. 5),

betont Helmut Korch, prominenter marxistisch-leninistischer Philosoph an der Universität Jena. Wir beziehen uns im folgenden hauptsächlich auf ihn, weil wir uns so einerseits auf orthodoxe Lehrmeinung berufen können und nicht auf irgendwelche andere, möglicherweise als häretisch eingestufte. Andererseits betont er die Gemeinsamkeit mit dem

„naturwissenschaftlichen" Materialismus, der im Westen blüht:

> „Der dialektische Materialismus teilt mit dem vor-marxistischen und naturwissenschaftlichen Materialismus eine Reihe stabiler Grundsätze, die sich unter anderem auf die Materialität und Determiniertheit des Geschehens, auf die Objektivität der Gesetze, auf die materielle Verursachung der Bewegungs- und Entwicklungsvorgänge sowie auf den von materiellen Faktoren abgeleiteten Charakter des Bewußtseins und seiner Produkte beziehen." ([45] S. 12)

Was heißt das im Einzelnen? Erinnern wir uns an Doris, die beharrlich zwischen 'Luffft' und 'Blubb-blubb' unterschied, wo die Studentin — stellvertretend für uns alle — auf 'Luft' hinauswollte. Lenin sagt in der klassischen Definition seines Materiebegriffs: „Die Materie ist eine philosophische Kategorie zur Bezeichnung der objektiven Realität, die dem Menschen in seinen Empfindungen gegeben ist, die von unseren Empfindungen kopiert, fotografiert, abgebildet wird und unabhängig von ihnen existiert."[19]

Natürlich ist 'Materie' (neben 'Bewußtsein') die nicht hintergehbare, umfassende philosophische Kategorie, das Allgemeinste dieser Philosophie schlechthin. Dennoch wird kein Marxist leugnen, daß 'Luft' Verkörperung, Exemplum der 'Materie' ist. Mit Lenins Bild gesprochen, versagt Doris' Kopiergerät, Fotoapparat beziehungsweise Spiegel. Wie ein isländischer Doppelspat täuscht er ein Doppeltes „Luffft/Blubb-blubb" vor, wo in Wirklichkeit die einheitliche, von Doris und uns völlig unabhängige 'Luft' gegeben ist. Da Bewußtsein an die materiellen chemisch-physiologischen Sinnesorgane einschließlich Gehirn gebunden ist, kann man Doris' Defekt[20] auch so formulieren, daß die „jeweiligen äußeren Reize" bei ihr nicht „in eine Bewußtseinstatsache umgewandelt" werden.

---

19) zitiert nach [45], Seite 35

20) „Defekt" wäre die konsequent marxistisch-leninistische Bezeichnung für Doris' Unvermögen. Entsprechend heißt der Sonderpädagogische Fachbereich der Universität Zagreb, Jugoslawien: "Fakultät für Defektologie". Weniger hart ausgedrückt, könnte angeführt werden, daß es offensichtlich nur die „tiefere Wiederspiegelung der Wirklichkeit" ([45] S. 47) ist, zu der Doris nicht gelangt.

Der Marxismus-Leninismus unterscheidet ausdrücklich zwischen materieller und ideeller Wirklichkeit, also zwischen 'Luft' und 'Luffft'. Die objektive Luft hat aber im Sinne des marxistischen Monismus eine andere Wirklichkeitsgrundlage: „Das Bewußtsein als Erzeugnis der Materie entsteht auf dem Wege materieller Veränderungen sowie im Prozeß der materiellen Praxis"[21]. Das Bewußtsein von 'Luffft' ist allein durch die „real existierende" Materie 'Luft' und durch Doris' Gehirnorganisation gegeben.

Von dieser real existierenden Materie entstehen in unserem Bewußtsein nur also mehr oder weniger gute Spiegelbilder. Wer so denkt, leugnet den aktiven Charakter des Erkenntnisprozesses. Aber genau diese Passivität des Spiegels liegt den lernpsychologischen und erkenntnistheoretischen Vorstellungen zugrunde, die in vielen westlichen Schul- und Lehrbüchern der Naturwissenschaften (und daher auch im naturwissenschaftlichen Unterricht) und noch ausgeprägter in der populärwissenschaftlich- naturwissenschaftlichen Literatur zum Ausdruck kommen. So kann man zum Beispiel in der Zeitschrift "GEO" [Heft 6 (1981), S. 8ff] lesen, daß die physikalischen Lichttheorien aufdecken, „was Licht ist, ... in Wahrheit, ... seiner Natur nach"[22].

In den Schulbüchern liegt die materialistische Denkweise vielfach zwischen den Zeilen, etwa wenn gesagt wird: „Heute wissen wir, daß alle Eigenschaften der Stoffe" — und damit schwingt unausgesprochen mit: die Eigenschaften der Welt — „letzten Endes auf ihren atomaren Aufbau zurückzuführen sind."[23] Selbst ursprünglich nicht materiell Gedachtes wie etwa 'Energie' wird in manchen Lehrwerken[24] zu einem ganz handfest materiell zu denkendes Fluidum.

Der traditionelle „Tag der Deutschen Physikalischen Gesellschaft" , die jährlich über die einzelnen Fachgebiete der Physik hinausgehende

----

21) Alle vorigen Zitate aus [45], Seite 42, 39, 43.

22) Interessanterweise wird der technisch machtvollen Wesenstäuschung an späterer Stelle (auf Seite 34) eine kleine, im Gesamtbild unwirksame, da ausgesprochenerweise nullwertige Relativierung nachgestellt — als Höflichkeitsgeste und Absicherung.

23) Vgl. z.B. [5], Seite 20. Daß hierin (unbegründetes) Wunschdenken zum Ausdruck kommt, wird in Kap. 6 näher diskutiert. Vgl. auch [13] und [16].

24) vgl. die Unterrichtsvorschläge [25] oder [27] und die dagegen in [14] erhobenen Bedenken.

gemeinsame Versammlung der Physiker, befaßte sich 1985 mit dem Thema „Bewußtsein". Das Hauptreferat hielt der Neurophysiologe Ernst Pöppel über „Materialien des Bewußtseins" [78]. Damit meinte er alles das, was uns bewußt werden kann und er meinte es ganz materialistisch im Sinne der „Evolutionären Erkenntnistheorie".

2.6 Die unverzichtbare Einbeziehung des Menschen im Erkenntnisprozeß: Steiners Erkenntnistheorie

Aber selbst wenn man den materialistischen Ansatz ablehnt, bleibt doch vielfach das Ideal naturwissenschaftlichen Erkennens: die Welt unter Absehung vom Menschen, also „ganz objektiv" zu erfassen. Kehren wir, um dies zu erläutern, nochmals zur Luft zurück. Ein für sie als gültig angesehenes Gesetz ist das *Boylesche Gesetz.* Wagenschein trifft den Nagel auf den Kopf, wenn er den Werdegang einer naturwissenschaftlichen Aussage so beschreibt:

> Da ist eine Fahrradpumpe, unten verschlossen. Von oben preßt man die Luft zusammen. (Temperaturänderungen seien ausgeschlossen.)
> *1. Fassung: Wenn ich die eingesperrte Luft zusammendrücke, dann geht das immer schwerer.*
> Gut. Aber das „Ich" muß heraus, der Mensch überhaupt. Die Luft ist die Hauptperson.
> *2. Fassung: Je weniger Platz die Luft noch hat, desto mehr wehrt sie sich.*
> Wenn die Luft ein Tier wäre, dürften wir so sagen.
> *3. Fassung: Je kleiner der Raum der Luft geworden ist, desto größer ihr Druck.*
> Das ist die sogenannte „qualitative", die „Je-desto-Fassung". – Sie genügt nicht. Physik will Zahlen sehen: *wie* klein, *wie* groß!
> *4. Fassung:* Nach *Messung* zusammengehöriger Werte ergibt sich ein Gesetz von erstaunlicher Einfachheit:
> *Wenn das Volumen des Gases 5mal kleiner geworden ist, dann ist der Druck in ihm auch gerade 5mal* (aber nicht kleiner, sondern) *größer* geworden. Allgemein: *n*-mal. (Ganz leise, nebenbei: Das nennt man „umgekehrte Proportionalität". Vergeßt es schnell wieder, ganz unwichtig. – Dann behalten sie's nämlich.)
> *5. Fassung:* Mathematische Formalisierung ohne Worte: Neue Betrachtung der Tabelle. Das eben Gesagte äußert sich mathematisch darin, daß *das Produkt Druck mal Volumen immer dasselbe bleibt:* $p \cdot v = \text{const.}$

Abb. 5. Der Werdegang einer naturwissenschaftlichen Aussage (aus [111] S.142)

„Das Ich muß heraus" — nur dann ist die Objektivität gewährleistet. Das ist das große Ziel der materialistischen Naturwissenschaft. Denn das Ich ist ja entweder nur Spiegel, Fotoapparat, Kopiergerät, — dann hat es sowieso nichts mit der Wissenschaft zu tun — oder es ist Quelle möglicher Täuschungen — „Bewußtseinsinhalte sind hypothesenabhängig" ([78] S.77).

Daß dieses Ich den Denkakt vollbringt — schon bei der Formulierung der „1. Fassung" (Abb. 5) —, indem es den Zusammenhang zwischen „zusammendrücken" und „immer-schwerer-gehen" herstellt, und daß ohne dieses Ich auch dieser Zusammenhang nicht hergestellt wäre — das blendet man so in fünf Schritten aus.

Diese aktive Teilhabe des individuellen Menschen an der Welt kennzeichnet hingegen die Steinersche Erkenntnistheorie. Sinnliche Wahrnehmung und Denken sind aufs engste miteinander verzahnt. An jene von Piaget so eindrücklich beschriebene Trennung in Subjekt und Objekt, die jeder von uns in früher Kindheit erlebt hat, liegt es, daß wir seitdem von *zwei* Seiten die Wirklichkeit ergreifen müssen:

> „Ein abstrakter Begriff hat für sich keine Wirklichkeit, ebensowenig wie eine Wahrnehmung für sich. Die Wahrnehmung ist der Teil der Wirklichkeit, der objektiv, der Begriff derjenige, der subjektiv (durch Intuition), gegeben wird. Unsere geistige Organisation reißt die Wirklichkeit in diese beiden Faktoren auseinander. Der eine Faktor erscheint dem Wahrnehmen, der andere der Intuition. Erst der Zusammenhang der beiden, die gesetzmäßig sich in das Universum eingliedernde Wahrnehmung, ist volle Wirklichkeit. Betrachten wir die bloße Wahrnehmung für sich, so haben wir keine Wirklichkeit, sondern ein zusammenhangloses Chaos; betrachten wir die Gesetzmäßigkeit der Wahrnehmungen für sich, dann haben wir es bloß mit abstrakten Begriffen zu tun. Nicht der abstrakte Begriff enthält die Wirklichkeit; wohl aber die denkende Beobachtung, die weder einseitig den Begriff, noch die Wahrnehmung für sich betrachtet, sondern den Zusammenhang beider." ([96] S.197)

„Nicht an den Gegenständen liegt es, daß sie uns zunächst ohne die entsprechenden Begriffe gegeben werden, sondern an unserer geistigen Organisation. Unsere totale Wesenheit funktioniert in der Weise, daß ihr bei jedem Dinge der Wirklichkeit von zwei Seiten her die Elemente zufließen, die für die Sache in Betracht kommen: von seiten des *Wahrnehmens* und des *Denkens.* ([96] S.70)

Aber an einer Stelle, beim intuitiv *erlebten* reinen Denken, fällt die sonst von uns dual erlebte Welt *in eins* zusammen. Hier sind subjektive Tätigkeit und objektiver Denkinhalt identisch. An dieser Stelle kann das Ich im Denken drinnen stehend *seine* Tätigkeit beobachten. „Es gibt daher keinen ursprünglicheren Ausgangspunkt für das Betrachten des Weltgeschehens als das Denken", sagt Steiner ([96] S.40). Intuition (die Form, in der uns ein Gedankeninhalt, etwa 'Luft', entgegentritt) und Beobachtung (Wangengefühl und Blubb-blubb-Geräusch), eben die denkende Beobachtung (etwa der von der Studentin vollzogene Schwenk von der Wange zum Wassergefäß, der ja ein Zentrieren auf den bereits gefaßten, rein geistigen Begriff 'Luft' zur Voraussetzung und zum Ziel hatte) — das ist Quelle unserer Erkenntnis.

„Man setzt das Denken herab, wenn man ihm die Möglichkeit entzieht, in sich selbst Wesenheiten wahrzunehmen, die den Sinnen unzugänglich sind. Es muß in dieser Wirklichkeit außer den Sinnesqualitäten noch einen Faktor geben, der vom Denken erfaßt wird. Das Denken ist ein Organ des Menschen, das bestimmt ist, Höheres zu beobachten als die Sinne bieten. *Dem Denken ist jene Seite der Wirklichkeit zugänglich, von der ein bloßes Sinnenwesen nie etwas erfahren würde.* Nicht die Sinnlichkeit wiederzukäuen ist es da, sondern das zu durchdringen, was dieser verborgen ist. Die Wahrnehmung der Sinne liefert nur die *eine* Seite der Wirklichkeit. Die *andere* ist die denkende Erfassung der Welt." ([99] S.48)

Ein sachgemäßer Umgang mit Wissenschaft setzt voraus, daß Wahrgenommenes und Gedachtes nicht verwechselt werden (im Verkehr mit Doris etwa, wenn man meint, 'Luft' könnte man *wahrnehmen,* oder auf höherer Ebene, wenn man meint: die Gesetze der Thermodynamik — reine Denkprodukte — *bestimmten* das Verhalten der Luft).

Die pädagogische Konsequenz ist: „Die Menschenseele kann ihre Erkenntnisse nur in sich selbst-schöpferisch erzeugen" ([95] S.227). Doris muß 'Luft' *selbst* denken. Und wenn sie es nach einiger Zeit kann, wird niemand bezweifeln, daß es sich um einen mit der

Wirklichkeit verbundenen Begriff handelt. Sie selbst hat schließlich dann das Wangengefühl, das Blubb-blubb-Geräusch und andere Wahrnehmungen als 'Luft' in den roten Ballon hineingedacht.

2.7 *Die Fortführung dieser Erkenntnistheorie zur Anthroposophie*

Zwischen diesem Vorgang und der Fähigkeit sich selbst als denkendes Ich bewußt zu erleben und über logische Zusammenhänge mit anderen Menschen sprechen zu können oder Erkenntnistheorie zu betreiben, ist zwar eine weite Wegstrecke. Sie ist aber nur die erste Etappe zu einer aktiv betriebenen Anthroposophie, verstanden als eine „wissenschaftliche Erforschung der geistigen Welt, welche die Einseitigkeiten einer bloßen Natur-Erkenntnis ebenso wie diejenigen der gewöhnlichen Mystik durchschaut, und die, bevor sie den Versuch macht, in die über—sinnliche Welt einzudringen, in der erkennenden Seele erst die im gewöhnlichen Bewußtsein und in der gewöhnlichen Wissenschaft noch nicht tätigen Kräfte entwickelt, die ein solches Eindringen ermöglichen."[25]

Hiervon war in diesem Kapitel *nicht* die Rede. Steiners Erkenntnistheorie ist also noch nicht Anthroposophie. Sie ermöglicht erst Anthroposophie als „Erkenntnis höherer Welten". — Wer bloß denkt, sagt Steiner, der kommt nur bis zum Gedanken des 'Ich'; wer *erlebt*, was im reinen Denken erlebt werden kann, macht im Denkerlebnis ein Geistiges, ein Wirkliches zum Bewußtseinsinhalt[26] — und macht dadurch den ersten Schritt in der Erkenntnis höherer Welten. Für eine Ausweitung dieser höheren Erkenntnis ist Selbstschulung notwendig.

Was auf diese (höhere) Weise erkannt ist, kann nicht auf gewöhnliche Weise erkannt werden, kann auch nicht auf der Ebene gesucht werden, wo Doris 'Luft' finden sollte. Solange für Doris 'Luffft' und 'Blubb-blubb' zweierlei ist, ist 'Luft' für sie transzendent. Ebenso bleibt der Gedanke, dieses mein Ich (wie jedes andere Ich auch) habe bereits vor meiner Geburt existiert und „lebe" nach meinem Tod „weiter", ein transzendenter Gedanke, solange 'Ich', 'vor der Geburt' und 'nach dem

----

25) [97] Vorbemerkung (Seite 5)

26) vgl. im einzelnen: [97]

Tod' nicht als mit einander verbundene Gedanken (in einem höheren Erkenntnisakt) „gesehen", erfahren werden. Ist dieser Zusammenhang einmal evident geworden, dann hat er erhebliche, auch pädagogische Konsequenzen: Kinder wie Doris werden zum Beispiel dann als vollwertige Menschen mit besonderen Schwierigkeiten, aber nicht als defekte Spiegel oder Kopiergeräte, als Zurückgebliebene auf einer präoperativen Stufe oder als unfähige Reiz-Reaktions-Blackboxen angesehen.

2.8 Rückschau und Hinweise auf weiterführende Literatur

'Ich' und 'Welt', 'Subjekt' und 'Objekt' war das Leitmotiv dieses Kapitels. Doris' Schwierigkeiten, den Begriff 'Luft' zu bilden, illustrierten die Positionen der Behaviouristen, der Marxisten, von Piaget und von Steiner. Die Behaviouristen blenden in eigentümlicher Weise das Subjekt ganz aus, indem sie nur auf sein Verhalten schauen. Auch die Materialisten tun das, indem sie die Materie als den einzigen Einheitsgrund der Welt ansehen, aus dem das Bewußtsein hervorgeht. Sie gewinnen dadurch eine monistische Philosophie. Einen Monismus ganz anderer Art stellt Steiner heraus, indem er auf die Möglichkeiten des Ich, das nur dem Menschen zukommt, verweist, im reinen Denken Subjekt und Objekt als untrennbar Eines zu erfahren. Was für Piaget in den ersten Lebenswochen unwiderrufbar verloren ging: dieser „Adualismus" des Menschen, ist hier noch erlebbar und eröffnet von hier die Möglichkeit über die gewöhnliche, in der Wissenschaft getätigte Erkenntnis hinauszugehen und tiefere, andersartige — geistige — Zusammenhänge zu erkennen.

Nicht ausgeführt wurde hier, wie diese Möglichkeit wirklich ergriffen werden kann. Dazu sei auf zwei Werke Steiners verwiesen: „Theosophie" [98] und „Wie erlangt man Erkenntnisse höherer Welten" [100]. Den anthroposophischen Schulungsweg als solchen beschreibt Paul Eugen Schiller in einem Überblick [82]. Am Schluß dieses Buchs (Kapitel 9.5) kommen wir hierauf nochmals kurz zurück.

Die in diesem Kapitel nur angedeuteten Erkenntnisgrundlagen der Waldorfpädagogik und ihre Bedeutung für die Pädagogik beschreibt Peter Schneider ausführlicher in seiner „Einführung in die Waldorfpädagogik" [85].

Das erkenntnistheoretische Hauptwerk Rudolf Steiners ist seine „Philosophie der Freiheit" [96]; Vorläufer dazu sind die Werke „Wahrheit und Wissenschaft" [99] und „Grundlinien einer Erkenntnistheorie der Goetheschen Weltanschauung" [99].

Goethes Art der Begriffsbildung betrachten wir später in Kapitel 7 und 8 noch näher. Theodor Litt hat in [51] (Seite 133-167) Goethes Wissenschaftsmethodik gegenüber der heute verbreiteten „mathematischen" Naturwissenschaft sehr subtil charakterisiert.

Anthroposophie kann als Weiterentwicklung der Goetheschen Erkenntnisart angesehen werden; in Aristoteles' Erkenntnisart führt Rudolf Steiner ein in dem als Einzelvortrag erhältlichen Bändchen „Philosophie und Anthroposophie" [97].

In diesem Kapitel haben wir die Erkenntnistheorien (Epistemologie) von Piaget und Steiner einander abgrenzend gegenübergestellt. Es war dagegen wenig die Rede von Piagets psychologischen Erkenntnissen. Inwiefern diese in dem an Waldorfschulen praktizierten Unterricht, der auf den pädagogischen Prinzipien Steiners aufbaut, berücksichtigt werden, stellt Christoph Lindenberg in Kapitel III seines Buchs „Die Lebensbedingungen des Erziehens — von Waldorfschulen lernen" [50] dar.

Das Feuer
Kohlendioxid
Sauerstoff
Kohlendioxid
Sauerstoff
Pädagogische Linien eines
Chemie-Anfangsunterrichts

3. Das Feuer
Pädagogische Leitlinien eines Chemie-Anfangsunterrichts

3.1 Chemie und Umwelt

In unserer Zeit bedeutet die Gedankenverbindung Chemie und Umwelt zumeist in industriellem Maßstab massenhaft hergestellte Stoffe: leuchtende Farbpigmente, dauerhafte Kunststoffe, in Raffinerien gewonnene Kraft- und Heizstoffe, Pflanzen„schutz"mittel und viele andere — Erfindungen, mit denen man hoffte, die Plage körperlicher Arbeit, Krankheit, Hunger und Kälte zu vertreiben. Zeitweise und in einem geographisch sehr begrenzten Bereich ist dies auch gelungen: Keine Sklaven („Cottonpickers") brauchen mehr auf den Baumwollfeldern mühsam in der Sonnenhitze zu zupfen. Heute fliegt vor der maschinellen Ernte ein Flugzeug über die Baumwollplantage, aus dem es Entlaubungsmittellösung regnet; zwei Wochen später leistet die Erntemaschine das Zupfen; die lästigen Blätter sind bis dahin vertrocknet.

Das Reisen — nur wenige unserer Urgroßeltern konnten es sich leisten — ist mit Auto und Flugzeug fast jedermann erschwinglich geworden, und längst werden wie selbstverständlich im Winter alle Zimmer einer Wohnung geheizt.

Verseuchtes Trinkwasser, pestizidhaltige Muttermilch, Waldsterben — Folgen, die zum Teil schon lange vorhersehbar waren, aber nie richtig ernst genommen wurden. Auch dies ist die Welt, in die unsere Kinder hineinwachsen, in der sie ihre Lebensaufgabe finden und die sie auf ihre Weise umgestalten werden.

Die Schule will und muß für diese Zukunft vorbereiten. Im Baden-Württembergischen Lehrplan für die Hauptschulen heißt es: „Reine Luft steht nicht mehr unbegrenzt zur Verfügung: Die Kenntnis der Ursachen der Luftverschmutzung eröffnet auch jedem Schüler die Möglichkeit, seinen Beitrag zur Schadstoffverminderung zu leisten." ([59] S.275). Warum, so wird sich der 14-jährige Hauptschüler fragen, leisten die vielen Erwachsenen, die doch die Ursachen der Luftverschmutzung kennen, nicht ihren Beitrag zur Schadstoffverminderung? Aber die aus einer solchen Lernzielformulierung zwangsläufig sich entwickelnde gemeinschaftskundliche Erörterung ist nicht vorgesehen; die Vorbereitung auf die Zukunft verläuft daher im Sande, ganz abgesehen von der Frage, ob es sinnvoll ist, 14-jährige Jugendliche in gesellschaftspolitischen Streit einzubeziehen, ohne daß ihnen ein wirklicher Handlungsspielraum gegeben ist.

Wie versuchen nun Waldorfschulen, zeitgemäßen Chemieunterricht zu ermöglichen? Gesellschaftspolitische Aktualität im naturwissenschaftlichen Anfangsunterricht ist für die Waldorfpädagogik kein Gesichtspunkt. Vielmehr ist es der Aufbau des Chemieunterrichts innerhalb der Epochen und über die Klassen hinweg und das darin zum Ausdruck kommende Verhältnis des Menschen zur Welt der Stoffe, das auf diese überlebenswichtige Frage vorbereiten helfen soll.

Wenn wir nun hier und im Folgenden mit dem herkömmlichen Chemieunterricht vergleichen, dann geschieht dies, um den andersartigen Zugriff der Waldorfpädagik deutlicher hervortreten zu lassen.

3.2 Der heute an staatlichen Schulen übliche Chemie-Anfangsunterricht

Urteilt man nach den zur Zeit auf dem Markt befindlichen Chemie-Schulbüchern, so beginnt jeglicher Chemieunterricht, ob in der Orientierungsstufe oder in der Sekundarstufe I mit der Frage „Was ist ein Stoff?" Die Antwort hierauf wird in fettgedruckten, eingerahmten oder sonstwie hervorgehobenen Merksätzen — ein für alle mal offensichtlich erschöpfend und unumstößlich — etwa so formuliert: „Stoffe erkennen wir an ihren Eigenschaften. Wichtige Eigenschaften sind Farbe, Glanz, Härte, Geruch, Geschmack, elektrische Leitfähigkeit, Wärmeleitfähigkeit, Schmelz- und Siedetemperatur, Löslichkeit, Verhalten gegenüber anderen Stoffen, Brennbarkeit." ([62] S.3) Dann folgen meist Betrachtungen der Aggregatzustände. Was dem unbefangenen Betrachter als tiefgreifende Verwandlung gegenübertritt, wird zurückgeführt — re-duziert — auf die „Umordnung von Teilchen" (kleinste Stoff-kügelchen).[27] Meist schließt sich die Trennung und Reinigung von Stoffen an, bevor zum ersten Mal eine chemische *Reaktion*, also das Verschwinden vorgegebener und das Auftauchen neuer Stoffe zur Sprache kommt.

In den meisten Lehrplänen und Schulbüchern muß hierfür immer noch Eisen und Schwefel herhalten: „ ... ein Gemisch von Eisen und Schwefelpulver herstellen, Trennungsversuche, durch Erhitzen zünden und Glühfront beobachten, neue Eigenschaftskombination feststellen." ([58] S.17). Einen sehr eindrucksvollen Versuch schlägt das Realschul-Lehrbuch „umwelt:chemie" vor: Man entzündet ein Häufchen Ammoniumdichromat von oben mit einer Brennerflamme. Im abgedunkelten Raum ist der Versuch besonders eindrucksvoll: Wie ein Vulkan zischt und sprüht es, und aus dem ehemals kleinen, orangefarbenen Berg entsteht ein dunkelgrüner, sehr lockerer und viel höherer erloschener Vulkan.[28]

Ob es sich um die Reaktion von Eisen mit Schwefel oder von Kupfer mit Schwefel oder um die Zersetzung des Ammoniumdichromats handelt, wichtig bei allen diesen Versuchen ist: „Bei den chemischen Reaktionen entstehen unter Energieumsatz aus Ausgangsstoffen neue Stoffe mit anderer Eigenschaftskombination." ([33] S.20). Das Experiment am Anfang fordert das Interesse massiv heraus. Nun kann der zu lernende Stoff an die empfangsbereiten Schüler herangebracht werden.[29]

3.3 Wie die erste Chemieepoche an einer Waldorfschule beginnen könnte

Es gibt noch eine ganz andere Art, den Chemieunterricht anzufangen. Die Klasse sammelt im Wald Holz. Bald werden auch Zweige mit grünen Nadeln und dürres Laub eingepackt. Robinienrinde, Tannenzapfen und vom Harz klebrige Wurzeln gesellen sich dazu. Kurz: alles, was von den Bäumen oder beim Holzhauen abfällt, kommt mit. Auf dem Heimweg findet man noch verstreute Heu- und Strohreste und

---

27) Die hierin schlummernde Problematik wird ausführlich in Kapitel 6 angesprochen.

28) In dem neuen Schulbuch „Elementare Chemie" von Karl Häusler [35] wird diese Reaktion, quasi als Prototyp der chemischen Reaktion schlechthin, nur als Photo abgebildet. Im Text fehlt jeder Hinweis darauf, vermutlich weil Ammoniumdichromat, als krebserregend eingestuft, für einen Demonstrationsversuch als zu gefährlich gilt.

29) Welche Gesichtspunkte dagegen den Experimentalunterricht in Waldorfschulen leiten, kann Kapitel 5 entnommen werden.

Büschel von Schafwolle an den Weidezäunen.

In der Klasse wird ein großer Holzstoß aufgeschichtet. Unten ist kleingehacktes Buchenholz blockhausartig aufgebaut. Daneben liegt Reisig, darüber Birkenrinde, obenauf sind Tannenzweige und Zapfen. Auf der anderen Seite liegen Heu und Stroh, darauf Wurzeln. In die Mitte dieses kunstvollen Haufens stellt man einige brennende Kerzenstummel. Wird das Feuer auf alles übergreifen? Wird überhaupt noch etwas von unseren gesammelten Schätzen übrigbleiben?

Man kann nun erleben, wie alle Materialien nacheinander verbrennen — jedes auf seine Weise. Manches brennt nur zögernd und zischend an, anderes flammt sofort rauchend empor. Manches glüht lange vor sich hin, anderes verlodert rasch, so daß die Flammenfetzen in den Rauch hinauffliegen.

Nach diesem Ereignis bespricht man mit den Schülern die einzelnen Beobachtungen: Die hängenden Rundungen und die aufstrebenden Spitzen der Flammen; das bunte Flammenleuchten und die zarten flüchtigen Formen der Asche. Vielleicht entzündet man noch ein Einzelfeuer, zum Beispiel einen Stoß heller Birkenspäne. Von diesem Holz erhebt sich oft eine schmale leuchtende Flammensäule, die leise schwingt und ein wehendes Geräusch hören läßt, wie von einem Flügelschlag. Denkt man an das ausgebreitete, lockere Geäst eines Birkenbaums, das die äußersten Zweige im Winde schwingen läßt, so kann man im Bilde einen Zusammenhang zwischen der Eigenart der Flamme und der des Baumes erkennen.

Es kommt nicht darauf an, immer in dieser Art Analogien zur Verfügung zu haben; wichtig ist die bildhafte Gedanken- und Vorstellungsarbeit: Die verbrannten Pflanzenteile sollen nicht nur als irgendein beliebiger effektbringender Brennstoff angesehen werden, sondern es gilt, in der bildhaften Vorstellung etwa die folgenden Übergänge innerlich durchzuarbeiten:

- vom Charakter der Flamme zum Aussehen des Pflanzenteils,

- von der Eigenart des Pflanzenteils zur Gesamterscheinung der Pflanze in ihrer Umwelt (Standort).

Man denke z.B. an die Tannenzweige: Den Duft und die sprühenden

Flammen kann man in einen Zusammenhang stellen mit dem Erleben des kräftigen immergrünen Tannenwaldes: Er zeigt keine Blütenpracht, er verströmt sich nicht in Duft und Nektar farbiger Blütenkronen. Stattdessen sind die Säfte im Holz und in den Nadeln aromatisiert.

Es handelt sich hier um ein innerliches Arbeiten an Vorstellungsreihen (Bildern), nicht um das Suchen von Ursachen (Kausalerklärungen) oder abstrakten Regeln, die auf beliebige andere Gewächse anwendbar wären. Es soll nur in bildhafter Form die Beziehung der Dinge zueinander so nachgestaltet werden, wie sie in der Natur tatsächlich vorhanden ist und wie sie der Schüler in seiner Alltagswelt erleben kann. Fängt man einen Unterricht über die Verbrennung in dieser Art an, so kann der Schüler sowohl äußerlich — beim Sammeln — wie auch gedanklich bildhaft tätig werden.

Beginnt man dagegen in der erwähnten Art, etwa mit dem Ammoniumdichromat, so sind die Kinder gezwungen, ein Schauspiel anzuschauen, das der Lehrer ihnen vorsetzt. Im Verdunkeln des Raumes, das die Wirkung des Versuchs steigert, drückt sich gleichnishaft die ganze Art des Vorgehens aus: Man holt die Sensation aus der Dunkelheit, isoliert sie zu einer für die Schüler undurchsichtigen Spezialität, wie aus einer geheimnisvollen Flasche. Die Schüler schreiten dabei nicht aus der Welt ihres Erlebens in durchschaubaren Schritten zu den Erscheinungen im Klassenzimmer vor, sondern sie springen in die Effekte einer abrupt auftauchenden Fachwelt hinein. Die Schüler sind zu Zuschauern und Anhörern degradiert, die entgegennehmen, ohne selber praktisch oder im bildhaften Zusammenhang etwas gestalten zu können. Man hat sie dazu aus ihrem „eingewurzelten" Erfahrungsbereich herausgedrängt.[30]

Ein solches Verblüffungsexperiment wie der Ammoniumdichromat-Vulkan entwickelt kein Interesse am Naturzusammenhang, sondern schreckt auf wie ein Kanonenschuß. Er versetzt von außen in Bewegung, um das überrumpelte Gemüt widerstandslos mit vorgefertigten Fakten des Fachs zu imprägnieren.

---

30) Vgl. auch Martin Wagenschein [109] Seite 44ff.

Führt man den Unterricht dagegen auf dem anderen der geschilderten Wege, so wird man — im Lebensalter der 7. Klasse — jede neue Erscheinung in ganz bestimmter Weise vorbereiten: Man wird bekannte Verhältnisse im Lebensumkreis der Kinder durch eine neue Art des Anschauens und der Besinnung durcharbeiten, so daß das Interesse nicht aus einer neuen Sache, sondern aus einem neuen *Verhältnis* zur Sache entsteht. Erst dann wird man eindrucksvoll experimentieren. In unserem Beispiel durchleben die Schüler während des Sammelns der verschiedenen Gegenstände, wie und in welcher Form Lebewesen zu Erde zerfallen. Man braucht das Niedergefallene nicht vermodern zu lassen, sondern kann eingreifen: Der Mensch kann alle diese Lebensreste einem entschiedeneren Ende zuführen, so daß sie im Feuer aufleuchten und noch im Vergehen ihre Eigenart in die Welt hinausstrahlen.

Wir steigern in der geschilderten Weise den Ablauf der Naturprozesse, gestalten mit an der Schöpfung. Indem man derartige Gedanken durcharbeitet, führt man die Schüler vom Standpunkt des Spaziergängers und Sammlers zum Standpunkt des Experimentators hin. Die Schüler müssen diesen Schritt letztlich *in sich* selber tun, er kann ihnen nicht mitgeteilt werden.

Der Kern aller Methodik in der Schule ist die Hinführung, der Aufbau. Der fertige Lernstoff bleibt letztlich ein Äußerliches. Auch in den Staatsschulen ist vielfach der reine Lernstoffumfang, das „Wissen", nur noch bedingt oberstes Ziel. An seine Stelle tritt zunehmend das forschende Lernen: Im eigenen Entdecken die Verfahrensweisen und Problemlösungsstrategien von Wissenschaft erlernen. Dies ist voll berechtigt, ist aber zu erweitern. Nicht nur äußere Methoden zur wissenschaftlichen Beherrschung der Weltbereiche sollen gelernt werden, sondern auch innere Methoden, das ursprüngliche Erleben von Erscheinungsfeldern zu erhellen und für sich fruchtbar zu machen. Mit der Hinführung ist also hier nicht nur gemeint: rationale Eigeninitiative im sachlogischen Fortschreiten, sondern auch eigenaktive Entwicklung von Wertungen und Haltungen.

Noch ein Zweites ist an diesem Vorgehen wichtig: Chemieunterricht dieser Art schreitet von außen nach innen, grenzt nicht ab, sondern bezieht ein: Es ist die vertraute Welt, aus der die Lerngegenstände genommen werden. Wir sortieren nicht *sie* nach Stoffeigenschaften, sondern orientieren *uns* in den Erscheinungen, die sie uns bieten. Uns selbst, den Menschen, blenden wir nicht aus. Unser Erleben wird ernst genommen und darf artikuliert werden.

3.4 Was man am „Feuer" lernen kann

3.4.1 Das Ganze er-leben

Schaut man sich Flammen daraufhin an, wie sie mit der Umgebung zusammenwirken, auch wie eine Glut vom Hinüberstreichen der Luft abhängt, so bekommt man den Eindruck, daß die Dinge beim Verbrennen von einem Luftstrom ergriffen und nach oben verströmt werden. Hat man diesen Eindruck mit den Schülern besprochen, so zeigt man etwa folgende Versuche:

Abb. 6. Der vom Feuer in Gang gesetzte Luftstrom

Man hält ein Windrädchen hoch über ein kleines Feuer. Es dreht sich heftig. Indem man mit ihm den ganzen Umkreis der Flammen abtastet, bemerkt man, daß die Abluft wie in einem schmalen Kamin hinaufzieht. Wie und wo kommt aber nun Luft zum Feuer hin? Seitlich neben das Feuer gehalten rührt sich das Windrädchen in keiner Weise. Erst wenn man kleine Kerzenflammen, die ja gegen Luftzug sehr empfindlich sind, dicht neben ein loderndes Feuer stellt, neigen sich die Flämmchen ein wenig dorthin. Wir lassen einen Schüler zeigen, wie schnell man mit dem Windrädchen rennen muß, damit es sich so rasant dreht wie über dem Feuer. Um für die Kerzenflamme dasselbe zu zeigen, muß der Schüler schleichen.

Während die Abluft des Feuers gerichtet emporschießt, strömt die Zuluft peripher ganz sachte heran. Die Luftbewegung hat als Ganzes die Geste des Emporstürmens. Auch unser Atem zeigt diesen Unterschied von Zu- und Abluftstrom. Man halte die Hand dicht vor den Mund und atme rasch tief, aber gleich schnell ein und aus.

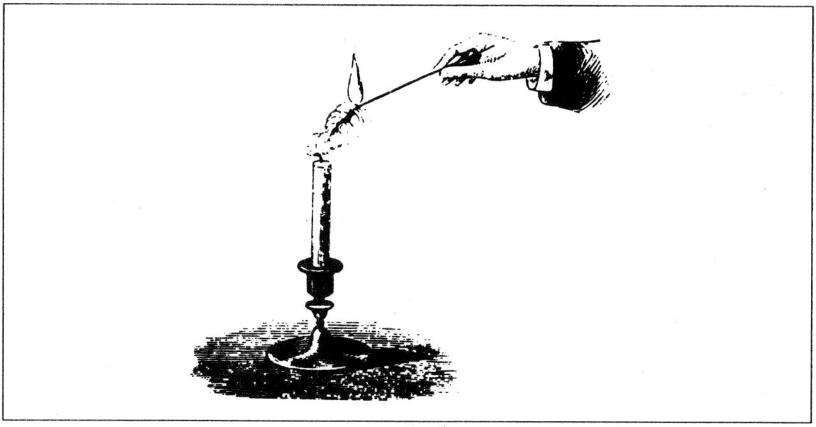

Abb. 7. Flammenübersprung nach Faraday

Jedes Feuer reicht mit seinen Bewegungsformen in die Unendlichkeit des Luftmeeres hinaus. Dieses Mitwirken der ungreifbaren Ferne und Höhe ist unerläßlich: Im abgedichteten Raum, etwa dem völlig verschlossenen Klassenzimmer, wird ein Feuer immer nach einiger Zeit verlöschen. Mehr noch: Nicht der verheerendste Waldbrand oder die zierlichste Kerzenflamme könnte bestehen, wenn nicht die *gesamte* Erde kraft ihres Schwerefeldes diese emporstrebende Bewegung möglich machen würde. Im schwerelosen Zustand brennt keine Kerze. Faradays so unscheinbarer Versuch, der Übersprung der Flamme vom Streichholz auf die eben ausgeblasene Kerze (Abb. 7), ist ja genau besehen die höchst dramatische Anbindung der Kerze an die Schwereverhältnisse des Erdganzen![31]

Hat man in diesem Sinne erarbeitet, daß das Feuer ein Ereignis auch der Ferne ist, so kann man zu Versuchen mit eingesperrten Feuern übergehen. Man stellt Kerzen unter verschieden große Bechergläser: Sie verlöschen nacheinander, im größten zuletzt. Es kommt nun viel darauf an, daß man diesen Versuch aus dem vollständigen Feuer, also dem offenen, freien Prozeß erklärt und nicht genau umgekehrt aus dem unvollständigen, eingesperrten das vollständige Feuer ableitet. Denn dann ginge man an den Gesten des Ganzen vorbei und wäre nur darauf aus, materielle Ursachen im Raum zu konstatieren.

Spätestens hier könnte man einwenden, daß eigentlich noch gar keine chemischen Vorgänge betrachtet worden sind. Die Antwort auf diesen Einwand lautet: Es kommt zuerst darauf an, den Schüler erfahren zu lassen, wie chemische Fragen am Betrachten des Feuers überhaupt entstehen; und zwar nicht in der Wissenschaft, nicht in der Begegnung mit dem Schulstoff, der schon abgekartet ist zum Einleiten der chemischen Fragestellungen, sondern in seiner — des Schülers — Begegnung mit der Welt.

3.4.2 Technische Anwendungen

Das bislang am Feuer Erarbeitete genügt bereits, um mit den Begriffen 'Zuluft' und 'Abluft' sämtliche Heizungsanwendungen der Verbrennung durcharbeiten zu können: vom Feuerplatz im Indianerzelt bis zum Automotor.

----

31) In seiner „Naturgeschichte einer Kerze" [28] hat uns Faraday eine sehr liebevolle und vielseitige Schilderung der Kerze hinterlassen. Sie stammt aus dem Jahre 1860 und folgt einem Lehrvortrag vor Jugendlichen. Von der Kerze ausgehend erörtert Faraday die gesamte Chemie seiner Zeit. Trotz der detaillierten phänomenologischen Untermauerung wird man in der Erklärweise Unterschiede zur vorliegenden Konzeption finden. Ein Vergleich der Faradayschen, der Wagenscheinschen und der an Waldorfschulen üblichen Lehrweise findet sich in [18].

Betrachten wir zum Beispiel den offenen Kamin in einem alten englischen Landhaus: Warum ist ein Raum mit einem Kamin kaum warm zu bekommen (und haben die Engländer daher heute meist eine zusätzliche Zentralheizung eingebaut)? Der Abluftstrom wird durch einen Schornstein kräftig angefacht, besonders, wenn dieser gut durchwärmt ist. Der mächtige Luftstrom erfaßt nun nicht nur die Abluft des Feuers, sondern auch die Raumluft, die gar nicht durch das Feuer gegangen ist. Man nennt dies den „Leerdurchsatz" des Schornsteins. Dadurch strömen große Mengen kalter Luft durch die Ritzen der Fenster, Türen und Dielen in den Raum: Er wird nicht nur geheizt, sondern zugleich auch gelüftet. Man versteht hieraus auch, daß jeder offene Kamin möglichst einen eigenen Schornstein haben sollte, denn jede Feuerstelle ist am Luftsog des Kamins angeschlossen. Daher haben ältere englische Häuser eine Unzahl von Schornsteinen.

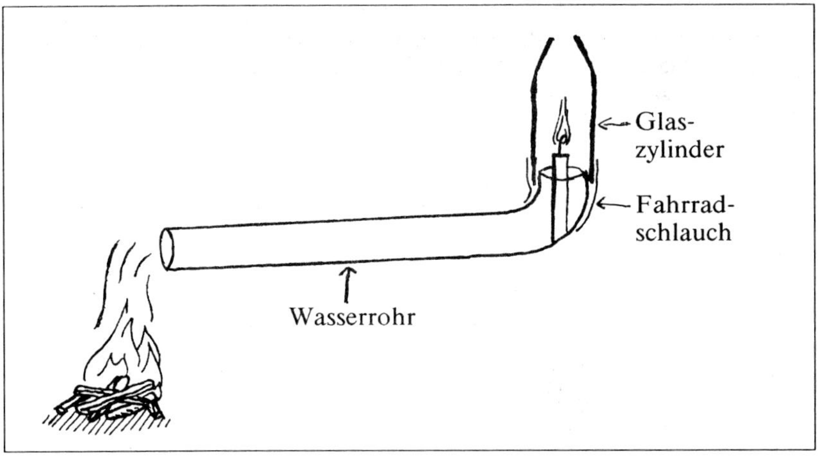

Abb. 8. Demonstrationsversuch zur Schornsteinwirkung

Dieser knappe Ausschnitt mag zeigen, wie die Erörterung technischer Anwendungen nach dem Denkmuster materieller Ursachen und Wirkungen ein ganz anderes Denken in den Unterricht hineinbringt (Nacherfinden). Es ist eine Ergänzung der in Abschnitt 3.1.4 geschilderten, mehr bildhaften Betrachtungsart.

3.4.3 Von der äußeren zur inneren Qualität des Feuers

Wie dringt man in die innere Qualität der Abluft ein? Man sollte auch hier nicht sogleich das eingesperrte Feuer aufsuchen, sondern das offene, das eine vollständige Erscheinung zeigt und im Leben der Schüler vorkommt. Man denke zum Beispiel an das in Abb. 8 skizzierte Experiment: Man beobachtet die Flamme im Rohr und probiert die verlöschende Wirkung, wenn man

- das Rohr oben oder unten zuhält,
- die untere Rohröffnung über Glut hält,
- dasselbe dicht über einer Kerze wiederholt,
- die untere Rohröffnung vor den offenen Mund beim allmählichen, tiefen Ausatmen hält.

Den in Abb. 9 gezeigten Versuch können alle Schüler gleichzeitig in ihrem Klassenzimmer an normalen Schultischen ausführen:

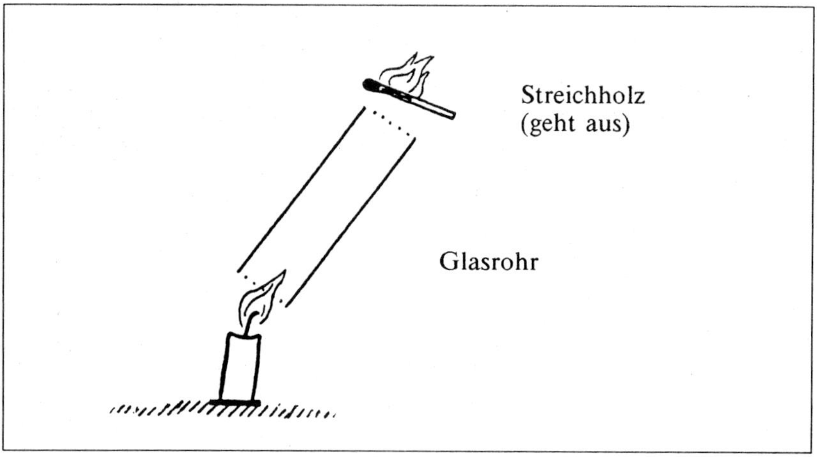

Abb. 9. Schülerversuch zur Schornsteinwirkung

Ziel dieser Versuche ist, nicht nur (äußerlich) eine Veränderung der Abluft zu konstatieren, sondern ein intensives Gefühl für das Feuchte,

Kraftlose einer solchen Abluft zu bekommen. Das läßt sich mit folgendem Versuch drastisch steigern: Ein großer Pappkarton bekommt ein großes Loch, durch das man den Kopf hineinstecken kann, und einige größere, mit Klarsichtfolie verklebte Fenster. Das Loch wird mit dünnem Papier zugeklebt, der Karton mit Klebeband abgedichtet. Durch eine weitere, gut schließende Klappe stellt man einige brennende Kerzen hinein. Sie verlöschen allmählich. Nun stülpt man den Kasten einem Schüler über den Kopf und läßt ihn einen kurzen Atemzug tun und berichten.

Es entsteht dabei die Frage nach einer stofflich erforschbaren Ursache der Abluftänderung — nach dem, was das Abgas als „Reaktionsprodukt" des Feuers „enthält". Solche Reaktionsprodukte erhält man eben nur — und das wird durch den Gang des Unterrichts erfahren —, wenn man das Feuer beeinträchtigt, einsperrt. Dies muß man jetzt tun. Man weiß aber, daß das vollständig entfaltete Feuer gerade zeigt, daß die Dinge in die Höhe verschwinden.

3.4.4 Abgrenzung

Man kann alle geschilderten am Phänomen gebildeten Gedanken weglassen und von Anfang an darauf hinarbeiten, alles mit dem Stoffumsatz zu „erklären":

Kohlenstoff + Sauerstoff → Kohlendioxid
(oder, was kaum anders ist: $C + O_2 \rightarrow CO_2$)

In diesem Fall würde man keinen angemessenen Eindruck von der wesentlichen Geste des Feuers vermitteln. Man würde so tun, als fiele das Reaktionsprodukt direkt an und bliebe auf dem Tisch liegen. Damit wäre die Sache zugleich auch ein für allemal erklärt; eine liebevolle Zuwendung zu den vielfältigen Erscheinungen, die der eine so, und der andere so erlebt hat, wäre lächerlich. Denn diese müßten ja als falscher Schein gelten. Das Verschwinden wäre vorgetäuscht, wo doch in Wirklichkeit alles erhalten bleibt und die Stoffe sich nur „umgruppieren".

Der früher meist als Kronzeuge gezeigte Versuch der schwimmenden Kerze unter einer Glasglocke, bei dem ein Fünftel der Luft (der Sauerstoffanteil) angeblich verbraucht wird, verläuft ganz anders: Nur ein sehr geringer Teil der Luftmengenabnahme ist dem Sauerstoff zuzuschreiben, das übrige dem Abkühlen der Luft, die ja zuvor erwärmt wurde. Zudem entsteht Kohlensäuregas in dem Maße, wie Sauerstoff verschwindet.[32]

3.4.5 Säurewirkung und Laugenwirkung

Als nächstes wird man das Abgas eines kleinen Feuers durch verdünnten Rotkohlsaft leiten. Der Saft wird rötlich; das Abgas wirkt als Säure. Dann wird man die Asche auslaugen: Die gefilterte, klare Lösung färbt Rotkohlsaft grün — sie wirkt als Lauge.

Mit den besonderen Eigenschaften des Rotkohlsafts gelingt es auch, die oben geschilderte Erfahrung des Schülers im aufgestülpten Kasten zu vertiefen: Unsere selbst (zum Beispiel in eine dichte Plasiktüte) ausgeatmete Luft gibt uns nicht nur dieselbe Empfindung wie die verbrauchte Luft der Kerzen, auch der Rotkohlsaft reagiert genau so: ein Hinweis, daß beides zusammengehört. Und wiederum wird man in der Rückkehr zur Umwelt, aus der wir ja das Holz zum Verbrennen gesammelt hatten, (sich) bewußt machen, wie sehr Mensch und Pflanze aufeinander angewiesen sind. Die Abb. 10. aus einem Schülerheft macht anschaulich, was gemeint ist.

Wie stellen sich die erwähnten Erscheinungsbereiche vor das Erleben der Schüler? Flammenerscheinungen reißen den Betrachter mit, er fühlt sich aus seiner Alltagshaltung herausgehoben. Er spürt leise die Verbindung zur Unendlichkeit des Umkreises. Das Empfinden des eigenen körperlichen Seins tritt zurück. Ganz anders erlebt man zum Beispiel die Erscheinungen und Umwandlungen des Kalks. Seiner verfestigten Formenwelt begegnen wir in Schneckenhäusern, Muschelschalen und Tropfsteinhöhlen.

---

32) Führt man den Versuch in einem 50-Liter-Glasballon statt in einer kleinen Glasglocke durch, dann zeigt sich deutlich, daß die Volumenänderung des Gasraums kaum 3% beträgt.

Abb. 10. Einatmen und ausatmen

Unterbricht man die Untersuchung zur Verbrennung — etwa nach dem Auffinden von 'Zuluft' und 'Abluft' — und geht sogleich zum Kalkbrennen und zur Kalkbildung über, so arbeitet man mit einem starken Kontrast. Die Schüler haben es leichter, aus diesem Gegensatz ihr Erleben gewahr zu werden und zu besinnen. Dadurch können sie sich innerlicher mit der Sache verbinden.

Wir verfolgen hier den Verlauf dieser ersten Chemieepoche nicht weiter, sondern gehen zu den anderen Chemieepochen über.

3.5 Linien eines Chemielehrplans an Waldorfschulen

Die erste Chemieepoche ist für die 7. Klasse vorgesehen. Sie umfaßt 42 bis 56 Schulstunden und beginnt wie in Abschnitt 3.3 skizziert mit dem Feuer in seinen verschiedenen Erscheinungsformen. Kohle brennt anders als Stroh; Harz anders als Alkohol. Die Art zu brennen (oder nicht) ist oft für Gegenstände und ihre Herkunft charakteristisch. Es schließt sich eine Untersuchung der Reste, die das Feuer hinterläßt, sowie der Luftströmungen im Umkreis an. So führt man allmählich aus bewegten, offenen Erscheinungen zum Chemisch—Stofflichen hin. Es folgt das Kalkbrennen im Kesselrohr, im Diatomitofen als Großversuch: Säuregas und Base treten auf; weitere Säuren folgen. Dann werden Metalle hergestellt (Zinnsteinreduktion), und an deren Behandlung — wie auch schon beim Feuer — Technisches und Kulturgeschichtliches angeknüpft. Dabei wird noch nicht versucht, gesellschaftliche Bezüge zu problematisieren, sondern die Erscheinungen selbst sollen zunächst durchschritten und technik-historisch zu ihren einfachen Ursprüngen verfolgt werden. Die sozialkritische Analyse heutiger Industrieentwicklungen wird zwar immer wieder anklingen, man wird aber darauf verzichten, in der ersten Begegnung mit der Chemie sogleich gesellschaftliche Urteile herauszufordern.[33]

In der 7. Klasse *erleben* die Kinder, wie das Feuer die Körper der Lebewesen verzehrt. Pflanzenreste verfliegen aufleuchtend und schwache Säuregase breiten sich in der Luft aus. Gleichzeitig zehren sich die Formen aus, veraschen und ein schwach basischer Staub verteilt sich auf dem Boden. Der Kalk dagegen, der sich an den mannigfaltigsten Tierformen herausbildet, hält die Abdrücke der Wesen wie in Ewigkeit fest. Das Feuer löst Gestalten auf, der Kalk versteinert sie. Der Rotkohlsaft, den wir in Säuren und Laugen hineinträufeln, leuchtet wie von innen auf: Farbe folgt auf Farbe. Sie fluten ineinander und bilden vergängliche, strömende Formen. Die Metalle schließlich tropfen bildsam aus der Glut der Schmelzöfen — der Mensch formt sie zu Werkzeugen und Waffen.

---

33) Näheres vgl. [52] Seite 11

Mit den chemischen Vorgängen dieser Unterrichtsepoche treten eindrucksvolle Naturformen und Prozesse vor uns hin. Diese Beziehung zu Formen und Bildern ist in der 8. Klasse schwächer, verwickelter. Die Chemie der 8. Klasse stellt den Menschen, der sich Nahrung verschafft, an den Anfang. Darin verbindet er sich immer mit der Natur, die rings um ihn im Lichte auflebt. Er kann sich niemals von diesem Lebensprozeß des Erdenumkreises trennen. Er sucht bestimmte Lebewesen aus der Natur heraus, unterbricht ihren Daseins- und Fortpflanzungsprozeß, trennt heraus, verarbeitet, reinigt und verfeinert....

So gewinnt er das Korn und die Stärkeprodukte, Milch, Ei und Fleisch, die Öle, Speck, Zucker und süße Früchte. Das Herausgetrennte spiegelt immer noch die Zusammenhänge seiner Herkunft in mannigfaltigen Eigenschaften. Die Stoffe bleiben — wenn auch verschlüsselt — Bilder des Wirkens von Kräften der ganzen Natur: des Zusammenwirkens von Feuchtem und Trockenem, Warmem und Kaltem, von Licht und Schwere. Dieses entschlüsselnd charakterisieren sich erst Stoffeigenschaften. Sonst könnte man ja die Welt nur zerlegen und inventarisieren, konstatierend, was wo "drinnen" enthalten ist.

Der Mensch ernährt sich nicht einfach dadurch, daß er gewisse Grundstoffe, wie etwa Stärke, Eiweiß und Fett aufnimmt und deren Kalorien verheizt. Er ist viel konkreter an das Formenreich der Natur angeschlossen. Sein Lebensprozeß ist mit den Wachstumsformen zum Beispiel der Kartoffel, des Hafers oder auch des Rindes in einer Art zusammengefügt, die man versuchen sollte zu denken, ohne gleich zugrundeliegende Stoffe anzuschauen. Hier werden Lebensformen zerstört, dort leben andere auf. Und während des Zerstörens treten dann vorübergehend die Nahrungsstoffe vor uns hin: als Glieder einer Kette, die nur vom Ganzen zu verstehen ist. Diese Struktur ist außen, in der offenbaren Welt ausgebreitet. Sie liegt nicht im Inneren, etwa im Aufbau, in der Atomzusammensetzung oder im Kaloriengehalt der Substanzen!

Die Waldorfpädagogik nimmt damit bewußt nicht den üblichen wissenschaftlichen Standpunkt ein, der von den darin „enthaltenen" Stoffen ausgeht. Sie verzichtet darauf, diese lediglich nett zu illustrieren. Es geht vielmehr darum, *ursprünglich* zu fragen, das Ganze zu sehen — und zu üben. Daß dies an der Sache, auch wenn man sie genauer untersucht, nicht vorbeiführt, sollte Abschnitt 3.4 zeigen.

Skizzieren wir noch kurz die Lehrgegenstände der Oberstufe (die an Waldorfschulen ab Klasse 9 gezählt wird). In der 9. Klasse folgt wiederum Organische Chemie: Statt Nahrungsmittel jetzt Genußmittel und Aromastoffe. Man folgt der Reihe Zucker → Alkohol → Äther → Äthylen → Wasserstoff und setzt Aldehyd, Essigsäure und Ester dazu. Brauerei, Winzerei, Essigfabrikation, Narkosemittel mit einem Ausblick auf Nikotin und Rauschmittel, sowie Parfümerie und die Täuschungen durch künstliche Speisearomen geben altersgemäße, lebenspraktische Themen. Sie sprechen die Schüler stark an, wenn man auf abstrakte Modellbegriffe und das Abrichten auf formalisierte Sprachsysteme verzichtet, und die Dinge anschaulich und aus gewerblicher Perspektive anschaut, wie sie heute wieder zunehmend in der „angepaßten Technologie" alternativer Gruppen oder wie sie in der 3. Welt noch heute gehandhabt werden. Ein Ausblick auf die Erdölchemie und die moderne Petro-Großchemie kontrastiert und rundet zugleich die Sache ab.

In der 10. Klasse folgt hauptsächlich „Anorganische Chemie": Salze, Säuren, Basen — vom Ganzen zu den Teilen gehend, in der 11. Klasse die Fülle der Elemente, in der 12. mehr die physiologische Chemie des Menschen.

3.6 Einige kommentierte Literaturhinweise

Die hier angestrebte Art, chemischen Unterricht aufzubauen, taucht in der Literatur zum erstenmal bei Kolisko auf:

- Eugen Kolisko, „Vom ersten Unterricht in der Chemie", in: Zur Pädagogik Rudolf Steiners (Zweimonatszeitschrift) 1932, Heft 6, Seite 253 ff. Die Fortsetzungen finden sich in der Zweimonatszeitschrift „Erziehungskunst" VI (1932), Hefte 1/2 und 3, Seite 62 ff und 118 ff.

Nach dem zweiten Weltkrieg ist dies von zwei Autoren der Waldorfschulbewegung unabhängig voneinander zu einem von den Phänomenen ausgehenden Chemieunterricht ausgebaut und fortgesetzt worden:

- Frits Julius: „Stoffeswelt und Menschenbildung — Grundlagen einer phänomenologischen Chemie", Band I und II; [39].

- Gerhard Ott: „Grundriß einer Chemie nach phänomenologischer Methode", Band I und II; [70].

Besonders Frits Julius sind an vielen Stellen Klärungen weitreichender phänomenologischer Zusammenhänge zu danken; sein Werk ist teils Vorstufe, teils Erweiterung der vorliegenden Darstellung, die (in den schulpraktischen Details ausführlicher dargestellt) als Buch

- Manfred von Mackensen: „Feuer, Kalk, Metalle – die Chemieepochen der 7. und 8. Klasse",

beim Bildungswerk Kassel, Brabanter Straße 43, erhältlich ist, ebenso wie die folgenden Broschüren für die 9. und 10. Klasse:

- Manfred von Mackensen: „Vom Kohlenstoff zum Äther"

- Manfred von Mackensen: "Salze-Säuren-Laugen"

Eine Fundgrube für Versuche zum Thema Feuer ist das kleine Büchlein:

- Michael Faraday: „Naturgeschichte einer Kerze" [28]

Der Akustikunterricht und die Musik

Pädagogische Leitlinien eines Physikanfangsunterrichtes

4.
Der Akustikunterricht und die Musik

Pädagogische Leitlinien eines Physik-Anfangsunterrichts

4.1 Der Bogen des Physiklehrplans an Waldorfschulen

Naturwissenschaft wird heute unter anderem mit dem Ziel getrieben, Tatsachen zu Tage zu fördern und sie technisch auszunutzen. Von der Nutzbarkeit (was man damit ausrichten kann) und dem globalen Gefahrenpotential hängt der Eindruck ab, den naturwissenschaftliche Forschung in der Öffentlichkeit erzeugt.

Um die immer zahlreicheren Tatsachen zu verbinden und zu ordnen, bildet der Physiker Theorien und Modellvorstellungen, zum Beispiel das Wellenmodell des Lichts. Er weiß, daß jedes Modell prinzipielle Grenzen hat, daß Erscheinungen da sind, die ihm widersprechen. Ein Modell gilt nur für bestimmte Erscheinungsreihen. Für andere muß man unter Umständen an demselben Objekt ein entgegengesetztes Modell konstruieren.

Obwohl also wissenschaftliche Modelle, etwa die Lichttheorien oder die Atomvorstellung niemals das Wesen der Sache genau und umfassend treffen[34], werden sie doch gemeinhin als das „Wesen" angesehen — im populären, wie auch im wissenschaftlichen Bewußtsein. Es wird nämlich übersehen, daß die Frage nach dem Wesen ganz aus den physikalischen Kategorien herausfällt, innerhalb ihrer nicht gestellt und somit auch nicht beantwortet werden kann. Und doch ist dem Schüler natürlichermaßen jedes Modell eine Wesensaussage über den Seinsgrund.

Seit Goethes naturwissenschaftlichen Arbeiten hat sich, fortgesetzt von Rudolf Steiner, eine wenig bekannte, am Qualitativen orientierte

----

34) Vgl. hierzu ausführlicher Kapitel 6.

Form der Naturbetrachtung entwickelt, die sich bis in die Gegenwart ständig erweiterte und als Goetheanismus ein eigenes Schrifttum hervorbrachte. Sie ist eine konkretere Art des Umgangs mit Wahrnehmungsqualitäten und will den erlebenden Menschen schon dadurch näher an Wesentliches heranbringen, als mechanistische Modellvorstellungen[35] dies vermögen.

Wir haben damit auf zwei, zunächst beziehungslos aneinander vorbeilaufende Methoden des Natur- und damit auch des Welterfassens hingedeutet, nämlich auf die materiell-kausale (die durch Analyse der zugrundeliegend gedachten Materie die letzten modellhaften Ursachen finden will) und die goethesche phänomenologische, die inhaltvolle Erlebnisse ganzheitlich ordnen will. Diese zwei Betrachtungsweisen sind im Lehrplan Steiners *beide* enthalten. Er hat sie aber nicht vermischt. Er hat sie auch nicht auf jeder Altersstufe stückweise nebeneinander gesetzt. Vielmehr finden wir sie im Lehrplan sehr genau aufeinanderhin organisiert — mit dem Ziel, beide erst in der 12. Klasse beurteilbar einander gegenüber stellen zu können.

Die Betrachtungsart der 6. Klasse — hier beginnt der Physikunterricht in der Waldorfschule — ist in allen Fächern noch vorwiegend phänomenologisch-bildhaft[36] . Sie ist noch nicht abstrahierend, zum Beispiel im Sinne der allgemeinen Naturgesetze. Die vergleichend bildhafte Betrachtungsweise bekommt jedoch bereits in der 7. Klasse eine neue Richtung, und zwar nicht auf Modellvorstellungen, Atome und dergleichen, sondern auf Erwerbs-, Betriebs- und Verkehrsverhältnisse und damit auf einzelne technische Anwendungen. Denn es beschäftigt den jungen Menschen, der sich im Pubertätsalter vom Elternhaus

---

35) Vgl. hierzu ausführlicher Kapitel 6, 7 und 8. Es gibt noch andere Gesichtspunkte, die das Wahrnehmen und Erleben in der Sekundarstufe I bis etwa zur 8. Klasse so wichtig erscheinen lassen: einmal der durch Fernsehkonsum bedingte, von Neil Postman [79] so bezeichnete „Verlust an Primärerfahrung", also das Defizit der heutigen Kinder an Sinneserfahrung mit und in der Welt, zum anderen aber die bei den Kindern dieses Alters deutlich zu bemerkende Frage nach dem Wesen überhaupt, die allein durch eine qualitative Methode beantwortet werden kann.

36) Wir verwenden hier und im Folgenden „phänomenologisch" etwa im dem Sinn, wie Wagenschein von Phänomenen spricht („Rettet die Phänomene!"). Christoph Berg hat dies mit „naturtreu und sinnenfällig" umschrieben ([111] S.90).

distanzieren will, im Grunde die innerliche Frage: Wie kann man sich aus überschaubaren Gedanken in der Welt selbst weiterhelfen, sich darin geschickt einrichten? Und dazu gehört die Frage: Wie kann man in der äußeren Arbeitswelt — unter Menschen — etwas Nützliches leisten?

Als ein im wesentlichen technisches Denken kommt am Ende der Physik der 7. Klasse die einfache Theorie der Mechanik mit den Hebelanwendungen an die Kinder heran. In der Mechanik fallen die einfachen Experimente mit wissenschaftlicher Systematik zusammen. Damit ist aus der Anwendung heraus ein Ausgangspunkt der klassischen Physik erreicht. Aber auch nun schließt sich noch nicht ein systematischer Aufbau der anderen Gebiete der Physik an. Das Quantitative, Formelmäßige wird zunächst an einzelnen Stellen, zum Beispiel an Stromkreisbetrachtungen und Druckberechnungen zur Mechanik von Luft und Wasser weiter geübt (8. Klasse).

Für die 9. Klasse ist bewußt die Kommunikationstechnik, zum Beispiel Telefon oder Lokomotive gewählt. Der junge Mensch fängt ja jetzt auch selbst an, einen größeren geographischen Raum im Umgang mit anderen Menschen zu nutzen. Physikalisch gesehen sind dies hervorragend geeignete Gebiete, um sie exemplarisch durchzuarbeiten[37], (zum Beispiel mit Strom-Zeit-Diagrammen, mit Dampfdruckkurven oder mit Wärmemengenvergleichen). Diese Methode steigert sich zur quantitativen Systematik erst in der 10. Klasse. Der Blick wendet sich aber dort alsbald zum Menschen zurück: An der Wurfparabel wird die Vorausberechenbarkeit als solche zum erkenntniskritisch betrachteten Phänomen. Und erst nachdem in der 11. Klasse an den neueren elektrischen Errungenschaften (dem Funkverkehr, den Röntgenstrahlen, der Radioaktivität) die Frage nach den ursprünglichen Naturphänomenen bearbeitet worden ist, dringt die Licht- und Farbenlehre der 12. Klasse wieder zum Goetheanismus der ersten Physikepochen — diesmal die Methoden offenlegend — vor.

Der Lehrplan verläßt also bis zur 9. Klasse immer mehr die phänomenologische Naturbetrachtung, weil er die Natur verläßt und sich physikalischer Technik zuwendet. Materielle Ursachenketten werden bei

---

37) Der Physikunterricht der 9. Klasse wird näher z.B. bei M. von Mackensen [54] ausgeführt.

der Analyse technischer Apparate zum Unterrichtsziel. Dies ist die hier angemessene und deshalb doch wieder goethesche Methode. Diese wird nun vom Technisch-Praktischen mit seinen Sozialbezügen zur 10. Klasse erneut herumgewendet — auf den denkenden Menschen. Seine Erkenntnisbildung, seine Art zu denken, zu konstruieren, wird zum Phänomen erhoben. Mit dem wenigstens ausschnittweisen Aufbau des systematischen Gebäudes der Physik wird die Frage nach der Erkenntnismethode — und das ist vor allem auch für die Schüler die Wahrheitsfrage — in ihrer ganzen Undurchschaubarkeit und Gewichtigkeit als großes Ziel denkerischer Kraft, als Ethos des Denkens in dem mündig werdenden Menschen erweckt.

4.2 Interpretation der Lehrplanangabe Rudolf Steiners zur 6. Klasse

Nach diesem sehr locker skizzierten Lehrplanaufriß betrachten wir Rudolf Steiners Angaben zum Physikunterricht der 6. Klasse[38]. In der von Gabert und Niederhäuser besorgten Ausgabe von 1969 sind es sechs Sätze, auf die nachfolgend einzeln Bezug genommen wird[39].

> (1) „Mit dem Physikunterricht beginnen wir im sechsten Schuljahr und zwar so, daß wir ihn durchaus an dasjenige anknüpfen, was die Kinder gewonnen haben durch den Musikunterricht. (2) Wir beginnen den Physikunterricht, indem wir die Akustik herausgebären lassen

---

38) Obgleich es sich im Folgenden um eine ziemlich weit ausgearbeitete Unterrichtsbeschreibung handelt, die auch als Lehreranleitung dienen kann (und gedient hat), wäre es doch gefährlich, darin ein „Waldorf-Curriculum" sehen zu wollen. Es ist eben nur die Aufgabe gelöst (oder angegangen), mit Hilfe eines T e x t e s Unterricht vorzubereiten. Das ist schon eine Art Notbehelf. Denn lebendiger sind andere Arten kooperativer Vorbereitung. Und doch wird ein solcher Text manchem Kollegen einen gerade fehlenden Gesprächspartner ersetzen können oder in Ausnahmefällen nützlich sein, wenn jemand einen bekannten Stoff einmal neu fassen möchte oder neuen Stoff als Nichtfachmann handhaben muß — bis am Gegebenen die eigene Gestaltung des Unterrichts durchgreift.

39) [92] Zweiter Lehrplanvortrag vom 6. 9.1919, Seite 166. Steiner hat die Anfänge der Waldorfschulbewegung an der Stuttgarter Waldorfschule mit häufigen „Seminarbesprechungen" intensiv begleitet. Sie sind zu einem großen Teil mitstenographiert worden. Ihre Veröffentlichung ist aber weder von Steiner besorgt noch durchgesehen worden.

aus dem Musikalischen. (3) Also Sie knüpfen durchaus die Akustik an die musikalische Tonlehre an und gehen dann über zur Besprechung der physikalisch-physiologischen Beschaffenheit des menschlichen Kehlkopfes. (4) Das menschliche Auge können Sie hier noch nicht besprechen, aber den Kehlkopf können Sie besprechen. (5) Dann gehen Sie über — indem Sie nur die wichtigsten Dinge durchnehmen — zur Optik und zur Wärmelehre. (6) Auch die Grundbegriffe der Elektrizität und des Magnetismus bringen Sie in dieses sechste Schuljahr hinein."

Zunächst soll Physik demnach noch gar nicht im üblichen Sinne so recht physikalisch vorgeführt werden, sondern sie soll die Musik ziemlich breit aufgreifen (Satz 1, 2 und 3). Die Akustik wird nicht nur im Hinblick auf das Musikalische aufgebaut, sondern aus ihm herausgeboren (2). Dieses Herausgebären ist im Unterricht zum Erlebnis zu bringen, das heißt in Einzelschritten durchzuarbeiten.

Gebären bedeutet: Zuerst ist die Akustik mit der Musik eins, dann trennt sie sich von ihr, ohne sich gleich von ihr abzuwenden. Dabei ist nicht Musikalisches im allgemeinen gemeint, sondern „was die Kinder gewonnen haben durch den Musikunterricht", was also in der Kinderseele zur musikalischen Fähigkeit, aber auch Vorstellung (siehe Musiklehrplan) geworden ist — das gibt die Ausgangsbasis (1). Dabei ist an die „musikalische Tonlehre" zu denken (3).

Der zweite thematische und methodische Brückenpfeiler, zu dem hin die Akustik auszuspannen ist, soll die Besprechung des Kehlkopfes sein (3). Damit wird bereits etwas besser sichtbar, welche Bereiche der üblichen Akustik gemeint sein können. Nämlich die Tonentstehung — und zwar wie sie vom Menschen gestaltet wird, im Instrumentenbau, in der Spiel-Kunst und im intentional ergriffenen Organ (4).

Die Akustik als Physik, die ja immer das Hörbare mit anderen Sinnen und mit anderen Gegebenheiten in Beziehung bringen muß (sich also nicht wie die reine Tonlehre auf das bloße Hören beschränkt), soll hier nicht von Naturphänomenen aus aufgebaut werden, zum Beispiel vom Klingen des Holzes, von Wassergeräuschen, sondern von Kulturerscheinungen. Das Rauschende, Klingende der Welt ist das Abgeleitete. Das Ursprüngliche, Umfassende, Höchste in der Welt des Hörens ist das Musikalische. Es ist die Ganzheit, von der auszugehen ist. — Die schöpferische, urtümliche Macht der Musik ist als Gesang und Spiel der Kantele in der Kalewala besungen.

Die Besprechung des Kehlkopfes, zu der überzugehen ist, führt uns wieder auf ein Gebiet, welches nicht als solches tote Naturerscheinung ist, sondern — wie Musik — nur durch menschliche Tätigkeit Funktion und Sinn bekommt.

Die Lehrplanangabe endet mit einer bloßen Aufzählung der außerdem zu behandelnden Gebiete. Gegeben ist die Reihenfolge; sie führt zunächst zur Optik. Fraglich bleibt, ob mit „Optik" Farbenlehre gemeint ist. Die übliche Schuloptik brachte auch zu Steiners Zeiten die Farbenentstehung mehr gegen Ende ihres Aufbaus. Vielleicht soll sich diese erste Physikepoche gar nicht hauptsächlich mit Farbenlehre, sondern mit den landläufigen Anfangsgegenständen der Optik, das heißt nur mit den sogenannten Lichtquellen und der Lichtausbreitung — aber methodisch anders gegriffen — befassen?

4.3 Das Herausgebären der Akustik aus der Musik

4.3.1 Hohe und tiefe Streichklänge

Wenn es möglich ist, einen Kontrabaß, ein Cello und eine Violine nebeneinander zu stellen, so hat man in der sich ohne jede Erklärung für den ersten Blick darbietenden Abwandlung von dem einen zum anderen einen unmittelbar belebenden Eindruck. Ein Satzteil aus einem Streichquartett (der vielleicht von Klasseneltern den Schülern vorgespielt wird) könnte nun wiederholt angehört werden — mit der Aufforderung, über das Hoch und Tief der Töne hinaus folgendes zu beobachten:

- auf welchem Instrument rasche Tonfolgen, das heißt das eigentlich melodische Element, am häufigsten gefällig hervorklingen,
- auf welchem Instrument der Takt kräftig und sicher ertönt.

Dann schauen wir auch, wie die Hände tätig sind. Offenbar sind es nicht die Bogenbewegungen, welche die Tonhöhe wechseln lassen; sondern die linke Hand tut es, in erstaunenswert schwieriger Stellung. Wir betrachten nun gleichzeitig, auf welchem Instrument diese Fingergriffe sehr flink und leicht ausführbar sind und wo sie zur Armbewegung werden, die große Wege entlangfahren und mehr Zeit brauchen. Ähnliches beobachten wir am Hin und Her des Bogens. Am Kontrabaß streicht er in größeren Bahnen, nachdrücklicher, kräftiger, oft ruhiger. Wir nehmen auch die Beobachtung hinzu, daß die Geige gegenüber Cello und Kontrabaß auf anderer Körperhöhe sitzt. Wertvoll für die Kinder wäre es wohl auch, eine genaue Vorstellung (vielleicht auch Erfahrung) davon zu bekommen, wie man die Instrumente hält. Auch sehen wir selten eine Frau Kontrabaß spielen. Dann lassen wir sie einzeln spielen — die Kontrabaßweisen geben für sich eine sehr extreme Musik (vergleichbares Extrem in der Natur: Elefantengetrampel); die höchsten Violintöne ebenfalls (Gezwitscher winziger Vögel). Wir vergleichen also nicht nur hohe und tiefe Töne, sondern auch Musik der hohen und Musik der tiefen Töne. Und das so Gefundene beziehen wir wieder auf die anderen Sinneswahrnehmungen und deren Schlußfolgerungen (wie Größe der Instrumente, gegenständliche Bewegung beim Spiel, Aufstellung des Instruments zum menschlichen Körper).

Verliert sich eine Melodie ganz in höchsten Tönen, so hebt sie uns aus der irdisch-schweren Welt heraus, sie „exkarniert". Paart sich dieses mit raschen Wechseln, Läufen, Sprüngen und Begleitung in mittleren Tonlagen, so wird der obere Mensch wach. Das Exkarnieren wird durch richtige musikalische Verwendung aufgehalten — die Bewußtheit steigt.

Umgekehrt führen uns tiefe Töne in ein Erleben des Irdisch-Machtvollen — sie inkarnieren uns im Willen und bringen uns auf den Boden zurück. Ihre richtige musikalische Verwendung stärkt unsere Tatkraft und Entschlossenheit. Bei falscher Verwendung können sie den Willen fesseln, aufpeitschen (Trommeluntermalung von Jugend-Massenveranstaltungen totalitärer Staaten; Beat-Musik). Weich tönende, langsam getragene Töne dagegen schläfern ein (Baßflöte). So hat jeder der beiden Tonbereiche, der helle und der dunkle, seine besonderen Möglichkeiten und Gefahren. — Es ließe sich dann einiges aus Gewerbe, Technik, aber auch Kulturgeschichte, zum Beispiel des Geigenbaus, einflechten.

4.3.2 Erkenntnistheoretische Zwischenbemerkung

Der Physiker mag einwenden, daß die gezielte Einteilung in einen Bereich hoher und einen gegenüberstehenden Bereich tiefer Töne ganz subjektiv sei. Die Skala der Schwingungen geht ohne Gliederung von Frequenz null bis unendlich.

Damit wird deutlich: Wir in der Schule (und wir als Menschen im täglichen Leben) arbeiten zunächst nicht mit dem Schwingungston da draußen, sondern dem Hörerlebnis, das wir auf andere, am Ganzen erlebte Wahrnehmungen beziehen. — Der Mensch ist nun einmal auf eine Mittellage der Tonhöhe eingestimmt. Und er erlebt die Töne immer aufeinander und auf diese Mittellage bezogen. Auch wenn Hoch und Tief nicht gleichzeitig im Kontrast erklingen, fügen wir diesen Kontrast, weil wir ihn kennen und in der Mittellage leben, hinzu. Erst dies läßt uns sagen: Das ist ein hoher Ton.

Es wäre ein Irrtum, physikalisch zu urteilen, daß der einzelne (zum Beispiel hohe) Ton die qualitätslose objektive Realität sei, die von einem kurz vorher oder nachher erklingenden zweiten Ton hervorgerufene Empfindung dagegen (daß jener Ton hoch sei) als etwas subjektiv Hinzukommendes anzusehen. Vielmehr ist es in der wahren (vollständigen, das heißt musikalischen) Tonwelt selbstverständlich, daß Töne aufeinander folgen und einen Zeitorganismus bilden. Das Vergleichsergebnis ist musikentsprechend und ist *unsere* Wirklichkeit. Der Einzelton im üblichen physikalischen Sinn ist aus ihr herausgefallen; er tritt in ihr auch gar nicht auf, denn er ist mit seiner Klangfarbe, Tonhöhe und Zeitlage an dem Musikstück (als Ganzheit) nur rück- und vorverweisend und damit ganz eng verbunden mit den anderen Tönen. Er kann also auch nicht am Anfang, sondern erst am Ende der Betrachtung stehen.

Wir streben damit eine vielleicht ungewohnte, in der Waldorfpädagogik aber *zentrale* Sicht auf die Wirklichkeit an. Sie konsequent handhaben zu können, ist für die Fruchtbarkeit des ganzen naturwissenschaftlichen Unterrichts aller Klassenstufen entscheidend. Die *ganze* Musik, der musikalische Tonumfang, ist die mächtigere Wirklichkeit; aus ihr fielen oder fallen all' die Töne und Geräusche, das Säuseln der Gräser, das Heulen und Ächzen der Wälder im Sturm, das Murmeln des Bachs oder der Klopfton an Blech, Glas und dergleichen heraus. Ehe der Unterricht zu derartigen Einzeltönen und Einzelgeräuschen übergeht, die mehr den Gegenstand — insbesondere seinen inneren Zustand — erfühlen lassen, aber nicht die Gesetzmäßigkeit des zusammenhängend und in musikalischer Gestaltung Tönenden selbst offenbaren, gilt es *zunächst* in die musikalische Akustik einzutauchen. Dabei kann man mit unserer Ausgangsentscheidung, nämlich zu sagen: „Der wahre Urgrund des Tönenden ist die ausgestaltete Musik", eine Linie haben, um Erscheinungen konsequent anzuordnen.

Wir treiben hier dennoch Physik und keine Musik, denn wir sind ja nicht künstlerisch-ausübend, sondern vergleichend-wahrnehmend tätig. Und mit dieser vergleichend-wahrnehmenden Tätigkeit richten wir unsere Aufmerksamkeit auf das Geschehen an dem materiell uns gegenüberstehenden Instrument aus und auf den, der dieses Instrument betätigt. Wir schaffen die Verbindung zwischen unserem erlebenden Sinneswahrnehmen und dem denkenden Verarbeiten.

Man kann nun an vielen Instrumentenfamilien (deren Klangeigenheit und Rolle im Orchester besprochen wird) neu verfolgen, wie die tiefen Tonlagen an großen Formen entstehen, zu deren Spiel man Kraft oder einen kräftigen Luftstrom braucht. Wir probieren oder erinnern dies an:

- Flöten
- Trompeten und Hörnern
- Trommeln
- Orgelpfeifen
- Leiern
- am Klavier

Man kann noch feststellen, daß die tiefen Töne außerdem bei den Saiteninstrumenten viel dickere Saiten haben und viel länger nachklingen. Sie erklingen ja auch — wie wir schon beobachtet hatten — seltener in flinken Melodien. Beim Klavier sind die Verhältnisse etwas undurchsichtiger: Der kräftige Anschlag, den eine große, tief gestimmte Saite eigentlich braucht, ist durch die Mechanik der Hämmer mit der Ansprechschwelle des Tastenschlags verloren gegangen. Die Hämmer der tiefen Saiten sind aber — für den Benutzer verborgen — viel massiver ausgeführt als die hohen.

Neben dem Prinzip: „groß und klein gibt tief und hoch", sollte man auch noch bewußt machen, wie das Material den Klangcharakter mitbestimmt: Blech oder Silber kontrastieren mit Holz. Es gibt eben keine Blechgeige oder Sperrholztrompete.

Hat man eine deutliche Wahrnehmung dieser Verschiedenheiten erzielt, so kann man auf eines der bedeutendsten Phänomene der Akustik aufmerksam machen. Weil es so einfach ist, umfaßt man es schwer. Es ist das Gewahrwerden dessen, daß sich die *allerverschiedensten* Instrumente auf *gleiche* Tonhöhe bringen lassen. Trotz ganz verschiedener Tonauslösung kann doch ein durch alle Instrumente (und Kehlen) durchgehender Ton hergestellt werden — und man hört genau, ob er gefunden ist (Einstimmen eines Orchesters). Als Resonanz läßt sich sogar ein Ton von einem Instrument auf ein anderes übertragen (notfalls mit Stimmgabelversuch auf Resonanzkästchen). Diese „Sympathie der Erscheinungen" (R.Steiner) ist für das Gebiet des Tönenden kennzeichnend: Es geht etwas Gemeinsames durch die abgesonderten Eigenklänge hindurch.

Damit haben wir im phänomenalen Erlebnis dasjenige berührt, das man, wenn man nicht an ihm wahrnehmend arbeiten will, durch Schwingungsbetrachtung und Schallwellen ersetzen kann (und leider auch oft tut).

An dieser Stelle angekommen fragen wir noch nicht, wie die Tonhöhe zahlenmäßig von der Länge einer gespannten Saite oder einer schwingenden Luftsäule abhängt; wir sehen nur, eingebunden in das musikalische Spiel, wie während des Überwechselns zu hohen Tönen der angestrichene Saitenteil oder der angeblasene Flötenteil verkürzt wird. Gerade bei den Saiten kommen ja noch die Spannung und die Stärke der Saite als zwei weitere, den Ton genauso verschiebende Variable hinzu.

Wollte man den Kindern von vornherein beibringen: Halbieren der freien Länge steigert die Tonhöhe um eine Oktave, dann ist man für den Anfang zu weit aus der Musik draußen[40]. Denn die Töne werden vom Kontrabaß bis zum hohen Violinton gerade nicht bloß durch Abgreifen (Verkürzen), sondern durch Abwandlung zu einer neuen zierlichen Instrumentenganzheit (der Geige) erhöht. Dabei ändern sich im Rahmen dieser Ganzheit unter anderem auch Spannung und Stärke der Saite, so daß der Ton nicht nur — wie abstrakt vorgestellt — höher wird, sondern ganz anders anklingt, nachklingt. Und gerade darin lebt Musik und die in ihr eingebettete Tonhöhe, um die es uns hier zunächst in der bildhaften Überschau des Instrumentariums und der Spielkunst geht. Erst in einem zweiten Schritt folgen unkünstlerische

----

40) ganz abgesehen davon, daß man sich dabei zu früh für einen quantitativ-mechanistischen Zugang entschieden hätte und nicht für einen goetheanistisch-ganzheitlichen (vgl. Kapitel 8).

Untersuchungsverfahren, die auf die abstrakte physikalische Tonhöhe und das Längenmaß abzielen. – Zunächst kann man aber die Hoch-Tief-Verhältnisse noch an der Gesangsstimme aufsuchen.

4.3.4 Hohe und tiefe Gesangtöne

Wir beginnen mit einer Melodie in mittlerer Tonlage, die von der Klasse möglichst gut gesungen wird. Dabei achten wir gemeinsam darauf, wie und wann wir

- innerlich eine besonders große Anspannung der Kehle verspüren,
- eine unwillkürlich ausgeführte Halsstreckung bei uns selbst innerlich bemerken (die allerdings die Stimmformung unnatürlich nach hinten verlagert, statt sie vorne in den Mund zu holen) und sie bei anderen äußerlich an der Kopfbewegung sehen,
- Entspannung, Halsverkürzung und Halsvolumenvergrößerung innerlich und äußerlich wahrnehmen (bei tiefen Tonlagen).

Wir untersuchen dasselbe bei einer Melodie mit extrem hohen und tiefen Stimmlagen – und bemerken es gesteigert. Dem Wahrgenommenen läßt sich die allgemeine Beobachtung hinzufügen, daß die Stimmen junger Menschen hoch sind, sich aber mit dem Größerwerden während der Kinderzeit etwas senken, um dann im Stimmbruch bei den Jungen stark, bei den Mädchen ein wenig und mit zunehmendem Alter immer weiter abzusinken, dabei kräftiger und voller werdend.

Man kann das Gefundene abschließend etwa so aussprechen: Beim Anstreben hoher Töne wird die Kehle unwillkürlich innerlich angespannt (was aber gesangskünstlerisch zurückzudrängen ist), der Hals wird in die Länge gezogen. Dazu sind feine, zarte und äußerlich kleine Kehlen fähig (und umgekehrt). Aber eine solche Regel ist noch nicht das Entscheidende. Wichtiger ist, daß die Kinder die Qualität der hohen Töne erspüren, die Himmelshelle, die Beweglichkeit und Schnelligkeit im melodischen Lauf, den glockenhellen Klang, der (mit Sehdingen verglichen) einen blinkenden, aufblitzenden Charakter hat – und daß die Kinder dies mit dem äußeren Gesamtbild von etwas Kleinem, Angespanntem, Zierlichen verbinden. Das Gefundene stimmt mit den Beobachtungen an großen und kleinen Instrumenten überein. Erst durch das Hinzunehmen anderer Sinne (vor allem Gesichtssinn) wird ja aus dem Musikalischen *Physik*.

4.4 Musikalische Akustik

4.4.1 Die Oktave

Der physikalische Aspekt der musikalischen Töne bezieht sich bezeichnenderweise zunächst noch nicht auf Materielles, denn es sind nicht die Zahlen als Größen und Einheiten wie kg und Meter, sondern *Zahlenverhältnisse,* unabhängig von Absolutgrößen. Die Einheit kürzt sich weg. Übrig bleiben Proportionen (Brüche) kleiner ganzer Zahlen. Damit knüpft man an die griechische Zeit an. Den Menschen dieser vorchristlichen Kulturzeit war an den Dingen die Gestalt, die schöne, wohlproportionierte Form, nicht die Materie das Wirkliche. In der Musik drückt sich nun die — wie die Griechen sagten — „gute und schöne" Proportion (das Intervall) in den Zahlen aus, die in ihrer Einfachheit vollkommen sind. Das mußte die Griechen interessieren und es paßt in das Lebensalter der 6.Klasse.

Zu Anfang des Akustik-Unterrichts haben wir zunächst die Musiker belauscht. Die fein ziselierte, schwerelose Musik hoher Tonlagen konnten wir mit zierlichen, kleinen Instrumentenformen in Zusammenhang bringen; entsprechend die erdenfeste Musik der tiefen Lagen. Wir verlassen nun das Reich der Choräle und Symphonien und lösen aus der daherfließenden Musik die Tonleitern heraus; wir zerstückeln jetzt.

Spielt man die Dur-Töne von c' abwärts und geht mit einem neunten und zehnten Ton unter c hinunter, so wird schon beim achten Ton (dem c) eine Art Abschluß der ersten Tonfolge bemerkt. Die tieferen Töne werden als Anfang von etwas neuem erlebt. Die Schüler kennen dies bereits aus der Tonlehre. Die Oktave umfaßt alle Töne einer Tonart: Sie sind ein Ganzes. Kommt diese Ganzheit auch äußerlich, zum Beispiel in der Saitenlänge eines Cellos zum Erscheinen?

Man greift auf einer C-Saite (ohne Flageoletton) genau die Hälfte ab und fordert auf, die Länge des angestrichenen Saitenstücks nur der Tendenz nach zu verfolgen, während man die Töne durchgeht (c, h, a ...): Bei der Oktave ist die Länge verdoppelt, die volle Saite ist wirksam. Kommt also die Anfangslänge noch einmal hinzu, so ist wieder der Anfangston, nur um eine Oktave tiefer, erreicht — ein Ganzes ist durchschritten. Zur Demonstration der genau halben Saitenlänge wird man auf das Griffbrett unter den Saiten einen Papierstreifen kleben, der durch Falten vor den Schülern einen Mittelknick erhalten hat. Auch das direkte Verdoppeln einer Saitenlänge kann nun auf allen Saiten und auf verschiedenen Instrumenten probiert werden. (Man braucht hier noch nicht auf die kleine Ungenauigkeit der Längenverhältnisse hinzuweisen, die dadurch eintritt, daß beim Niederdrücken der Saite auf das Griffbrett Länge und Spannung ein wenig verändert wird.)

Wie gelangt man aber zur noch tieferen Oktave? Man streicht zuerst von einer Saite 1/3 ihrer Länge an (greift also 2/3 ab), dann verdoppelt man (greift also nur 1/3 ab) — die Oktave ertönt; nun verlängert man wiederum um 1/3 (streicht also die volle Länge an) — und es ertönt eine Quinte nach unten und nicht wieder eine Oktave. Damit wird es unmöglich, den Begriff so zu fassen, daß die Oktave eine bestimmte Länge „sei": Man kann eben Oktaven nicht additiv mittels Längen aneinandersetzen.

Für den Gedankenaufbau ist es übrigens gleichgültig, ob man die Versuche dieses Abschnitts mit aufwärts- oder abwärtslaufender Tonfolge vorspielt. Das Gemeinte läßt sich sinngemäß übertragen. Allerdings haben die beiden Folgen seelisch verschiedene Wirkungen, die abwärtslaufende zum Beispiel wirkt beruhigend, konsolidierend.

Wie man experimentell zeigt, hat jede Oktave ihre eigene Länge: doppelt so groß wie die der vorigen, halb so groß wie die der folgenden:

______ Anfangston
____________ 1. Oktave
________________________ 2. Oktave

Und auch die Tonschritte innerhalb der Oktave auf der Saite werden nach unten immer größer.

Es gilt also zweierlei:

1. Für die tiefen Töne wird die Saite immer länger.
2. *Zwischen* tiefen Tönen werden die *Schritte* auf den Saiten immer größer, je weiter man nach unten schreitet.

Hierdurch versteht man die Kurvenform eines Flügels, einer Leier und dergleichen; allerdings kommt das hier waltende quadratische Gesetz wegen verschiedener Spannungen und Dicken der Saiten nur abgeschwächt im Bau dieser Instrumente heraus.

Welche Saitenlänge ein einzelner Ton hat, ist niemals in Zentimetern angebbar. Sie hängt auch von der Art und Spannung der Saite ab. Angebbar ist lediglich das Längenverhältnis zweier Töne, die zum Beispiel eine Quinte bilden. Hier finden wir das musikalische Grundprinzip wieder. Das Entscheidende liegt *zwischen* den Tönen: Eindeutig ist zunächst nur der Bezug zweier Töne auf einander, zum Beispiel als Längenverhältnis.

Man kann nun auf einer Geige durch laufendes Verdoppeln und Wiederaufnehmen des Tones auf der folgenden Saite die Oktaven herunterschreiten, bis es nicht mehr tiefer geht. Und da stößt man wieder auf eine musikalische Tatsache: Auf einem einzigen Saiteninstrument sind nicht alle Oktaven möglich, sondern man verteilt sie auf große und kleine Instrumente. Denn es ist ja nicht nur die abstrakte Saitenlänge, die den Ton bestimmt (wie man es etwa vom herkömmlichen und in der 6.Klasse wohl noch entbehrlichen Schulmonochord suggeriert bekommt), sondern das *ganze* Instrument ist für die Musik einer Tonlage in abgestimmter Gesamtgestalt nötig. Man klopfe an den Geigenboden, an den Celloboden und höre, wie der ganze Körper des Instruments antwortet, wie die Spannung den ganzen Instrumentenleib durchzieht. Auch der Boden ist gespannt, auch er hat gewisse Abmessungen, wie die Saite. So wird nach dem Rationalismus des Saitenlängen-Messens wieder das Geheimnis des realen Instrumentenbaus sichtbar — das Geheimnis des Musikalischen, das zur Verkörperung einen Leib braucht, der eben etwas anders ist, als bloßer abgemessener, ausgespannter Draht.

Man sollte nun in der 6. Klasse noch nicht ein Intervall nach dem anderen behandeln, sondern zunächst nach der Oktave und einem ersten Anklingen der Quinte die Saitenlängenbetrachtung wieder verlassen. Man kann nämlich bereits mit diesen zwei Intervallen das Grundphänomen der Tonleitern herausholen: die kleinen ganzen Zahlen. Die Saiten verhalten sich in ihren Längen zueinander nicht wie irgendwelche Zahlen, etwa in den Tausendern, sondern wie die allereinfachsten ersten Grundzahlen (1:2, 2:3 usw.). Man kann sich einfach freuen, daß die Welt so übersichtlich ist.

Zum tieferen Verständnis muß man allerdings fragen, was diese Zahlen bedeuten, wie sie zum Beispiel mit dem Menschen zusammenhängen. Wie Ernst Schuberth zusammenfassend dargestellt hat [87], werden die Zahlbegriffe aus dem Bewegungssinn herausentwickelt: Mit drei sich wiederholenden Armbewegungen deutet das Kind auf drei Dinge — so entsteht die Zahl aus dem Zählen. Betrachten wir mit dem Bewegungssinn die Intervalle, bemerken wir, daß sie Tanzschritte bezeichnen: Drei Schritte vor und zwei zur Seite — die Quint? Die Intervalle weisen also auf rhythmische Bewegung hin, auf zeitliche Folgen. Das immer nur zeitlich-rhythmische Dasein der Musik ist damit von uns über die Saitenlängenmessung im Gegenstandsraum verwandelt wiedergefunden worden.

Die kleinen ganzen Zahlen der Saitenlängen deuten aber noch auf einen viel größeren Organismus hin. Solche Zahlen wie 1:2, 3:4 usw. sind ja engste Nachbarn; sie bauen aufeinander auf. Ihre gegenseitigen Beziehungen sind rhythmisch mitgegeben. Habe ich irgendeinen Ton, so stehen alle anderen Töne der Saite zu ihm in dieser reinsten Verkettung. Alle Einzeltöne haben also auch in den körperlichen Längenmaßen die Orientierung zueinander im Ganzen; keiner fällt heraus. Töne sind eben niemals wie irdische Körper vereinzelt, versprengt, dahingeworfen. Auch ihre tastbare, rein physische Gegenständlichkeit (die Länge) bleibt aufgehoben in durchsichtigem Zusammenhang. Diese Gedanken über die Saitenlängen, über den Teil und das Ganze, führen zurück zu den ersten griechischen Philosophen und zu dem alten Mythos von der Sphärenharmonie.

4.4.2 Sogenannte Schwingungsphänomene

Wer die zeitgenössische physikalische Erziehung selbst erfahren hat, wird untergründig bei all dem bislang Behandelten an der Frage nagen: Beruht das nicht alles letztlich auf Schwingungen? Heranwandernde Schwingungen sind es doch, die man hört? Hiermit ist einerseits auf den falschen Wirklichkeitsbegriff eines materiell-kausalen Weltmodells[41] verwiesen — als sei nicht der Ton, sondern nur die

---

41) Vgl. Kapitel 8

Schwingung in der Materie „wirklich“[42]. Zum anderen ist auf ein berechtigtes phänomenales Prinzip der Musikinstrumente und der Tonentstehung überhaupt aufmerksam gemacht, das sich zunächst noch (in der 6. Klasse) ohne den mechanischen Schwingungsbegriff (und die auf ihn hin entwickelten Versuche) aus der ursprünglichen Wahrnehmung fassen läßt.

An einer angestrichenen Cellosaite läßt sich beobachten, daß die Kontur dieser Saite verschwimmt, und zwar die des angestrichenen, nicht des abgegriffenen Teils. Ein vorsichtig angenäherter Finger wird vibrierend miterregt. Auch der Geigenboden vibriert. Sogar die allseitig geschlossene leichte Pappschachtel (etwa ab Schuhkartongröße) kommt — frei zwischen den Fingerspitzen gehalten — beim Ertönen von Chorgesang zum Vibrieren, zum Schwirren.

Dies alles heißt nicht, daß solche Schwingungen die Ursache des Tönens und der Tonausbreitung seien, sondern einfach, daß noch ein zweites Phänomen auftritt, das wir mit dem anderen ideell in Beziehung zu bringen haben. Wir nennen dieses Phänomen auch lieber „Vibrieren“, denn „Schwingung“ hat sich im physikalischen Zusammenhang zu sehr vom Materiellen abgehoben.

Im Vibrieren und im Verschwimmen der Konturen hat man ja das Erlebnis, daß der ruhige, festumrissene Gegenstand etwas „entkörpert“, das heißt vorübergehend etwas „formlos“ und somit „unbeständig“ wird. Gleichzeitig kann aber ein fremder, leichter Körper bei Berühren etwas weggeschleudert werden. Wir begegnen also einer inneren Bewegung, aber ohne Verwandlung und ohne, daß am Ende etwas von der Stelle bewegt ist.

Dieses hängt mit der kunstvoll installierten Beweglichkeit des Instrumentes zusammen. Mit spitzem Fuß berührt das Cello die Erde, die Knie halten nur die Wangen, aber der Boden bleibt frei. Die Geige ist weithin in der Luft gespannt. Man stelle sich vor, sie wäre einmal bis über die Saiten in Sand eingebuddelt, und nur die Stelle, wo der Bogen die Saite bestreicht, schaue heraus: Kein Ton käme zustande, nur ein leise schabendes Geräusch. Die Leiersaite, das Fell der

----

42) Auch Martin Wagenschein verweist immer wieder auf dieses Miß-Verständnis, vgl. z.B. [107], S. 21ff, S. 147f, [111] S. 90ff.

Trommel, die Stäbe des Xylophons, der Schalltrichter der Posaune oder die Wölbung einer Glocke, sie alle müssen frei in der Luft stehen. Dabei sollen sie außerdem in sich fest, gespannt, elastisch sein, sich gegen Berühren, Anschlag und Anstrich ständig aufrechterhalten. Teigiges, Wachsartiges, Bleiernes klingt nicht. Insofern haben wir ein Gegenständlich-Festes nötig. Aber auch das muß aus der Einflechtung in die Umgebung herausgehoben sein. Es sollte am besten nur an einem Punkt die Erde berühren (Glocke, Zunge der Harmonika) oder auch an zweien, oder höchstens entlang eines Randes. In diesem Bauprinzip der Befreiung von der Schwere zur Beweglichkeit und der Behauptung ohne bleibende Veränderung wird das, was sonst bloß mechanisch als „Schwingung" vorgestellt wird, zu einem Bilde innerhalb künstlerischer Instrumentengestaltung. Und nur insofern ist es wohl in der 6. Klasse zu behandeln. (Die Versuche mit der Schwingungsaufzeichnung auf berußter Platte übergeben wir der 7. Klasse.)

Bei den Blasinstrumenten arbeitet der Musiker bereits mit dem Beweglichsten, das er einsetzten kann: mit seinem Atem. Wir sagen „Atem", bezeichnen damit das von uns Geführte; „Luft" dagegen wäre das Abstrakte, materiell Ausfüllende. Der Atem dringt frei in die Umgebung und entströmt. Das aber führt aus dem Tönenden heraus, denn dieses braucht Festigkeit an einer Stelle — zwar Beweglichkeit, aber keine Fortbewegung, kein Wegfließen, keinen Transport. Bei den Blasinstrumenten konstruiert der Instrumentenbauer umgekehrt: Er stellt nicht frei, sondern schließt ein, um ortsfest zu machen.

Wir finden in den Vibrationen, im Unscharf-werden der Gegenstände ein dinghaftes Bild der Musik: Etwas geschieht, durchdringt intensiv alle Körper, hebt ihre Grenzen, ihre Sonderung auf, verbindet im Mitklingen und in der Resonanz das Entfernte, gestaltet machtvolle Prozesse — und verschwindet, ohne physische Veränderung zu hinterlassen.

4.4.3 Die Chladnischen Klangfiguren

Eine wunderschöne bildhafte Veranschaulichung der geheimnisvoll komplizierten Strukturen solcher Vibrationen sind die Chladnischen Klangfiguren. Eine schwarzlackierte Kreisscheibe aus Stahlblech (300x2 mm) sowie eine quadratische Scheibe (270x2 mm) werden genau in der

Mitte befestigt. Man bestreut aus einem Salzstreuer mit feinkörnigem Sand; überpudert man noch zusätzlich mit Bärlappsporen, so schweben diese beim Antönen noch höher als Wolken über den schwingenden, vom Sand freiwerdenden Flächenpartien. Der Bogen muß gut mit Kolophonium eingerieben sein. Welche Schwingungsform beim Anstreichen entsteht, hängt davon ab, ob und an welcher Stelle des Randes (das heißt wie weit weg vom Bogen) man durch leichtes Berühren mit einem Finger eine Sandlinie (Knoten) herbeiführt.

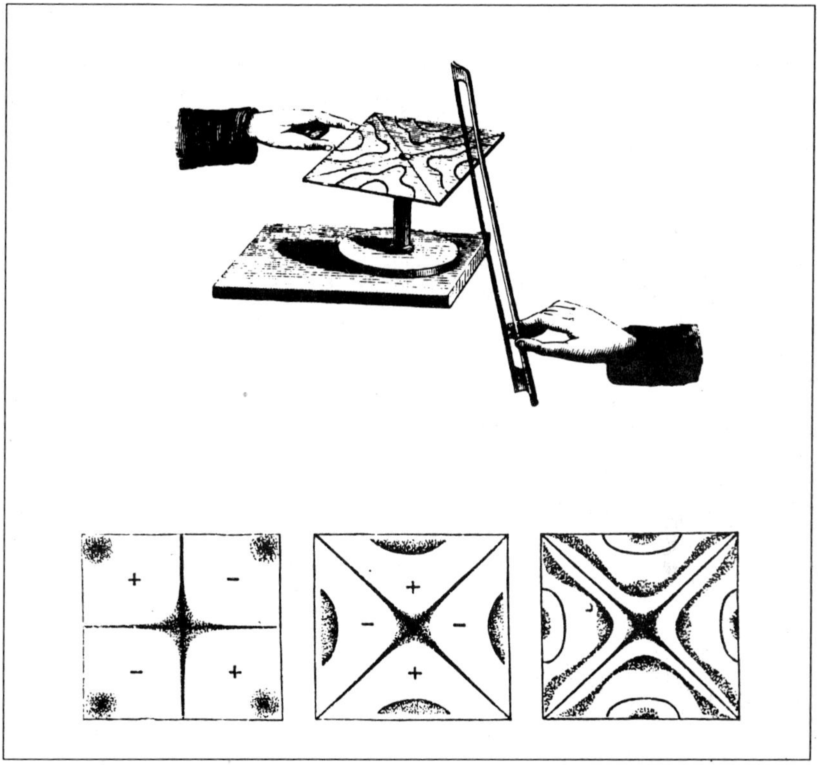

Abb. 11. Chladnische Klangfiguren

Die quadratische Platte berühre man zunächst einmal an einer Ecke. Sehr beliebt ist bei den Schülern, wenn sie an einigen kleineren Platten

(200 mm rund oder quadratisch)[43] nach der Stunde selbst Figuren anstreichen dürfen. Leider kann man die entsprechenden, während des Spielens rasch wechselnden Klangfiguren des Geigenbodens nicht zeigen, da der Sand an den gewölbten Flächen fortgleitet.

Die Chladnischen Klangfiguren sprechen für sich: Ihr Bild ist eine Gesamtgestalt. Und doch kann das Bedürfnis auftreten, die Figuren Fleckchen für Fleckchen kausal zu erklären. Dies leistet der Vibrationsbegriff (siehe Abschnitt 4.4.2). Die sandfreien Flächen vibrieren, die Sandlinien sind die Ruhelinien. Dort vibriert die Platte nicht, der Sand wird nicht weggerüttelt. Dem Sandbild liegt also als Ursache ein unsichtbares Bild — gemalt aus Vibration und Stillstand — zugrunde. Hier sollte allerdings die Ursachenkette angehalten werden, so daß man nicht mehr nach der Ursache der Ursache fragt (stehende Welle), sondern die Vibrationsgestalt als Phänomen hinnimmt, das den Ton begleitet.

4.4.4 Ausweitung: Intervalle, Tonarten

Da man die Akustik — im Interesse der anderen Gebiete — bei einer vierwöchigen Epoche selten über eine Woche ausdehnen wird, bleibt das weitere in diesem Abschnitt Aufgeführte sowie die bekannten Monochordversuche in der Regel der 7. Klasse vorbehalten.

Der folgende Entdeckungszug könnte dadurch spannend sein, daß wir die Schüler fragen, welche Zahlenverhältnisse wir denn noch probieren sollten. 1:2 kennen wir bereits als Oktave; 1 und 2 sind ja die grundlegenden Zahlen: die Eins als die große Einheit, die eins und alles ist, die Zwei, die zu einem anderen führt, die von der Ruhe der Eins in Entwicklung übergeht. Zu diesem Vorgang paßt die Größe und Erhabenheit der Oktave, die nüchtern, ja beinahe gewaltsam alles Kleine, Irdisch-Differenzierte meidet[44].

---

43) Platten in den genannten Größen können vom Bildungswerk Beruf und Umwelt, Lehrmittelabteilung, Brabanter Straße 43, 3500 Kassel bezogen werden.

44) siehe [72] Seite 240ff

Was für ein Intervallcharakter wird auf die Zahlen 2:3 erklingen? Wir erleben die Quinte, es schließt sich die Quarte (3:4) und die große Terz (4:5) an. In den für einen Sechstklässler komplizierten Brüchen verlieren sich die anderen Intervalle, zum Beispiel die mißtönende große Sekunde (8:9). Gehen wir von der Quinte zu kleineren Längen, also aufwärts, so läßt sich bei 3:5 die große Sext finden und nahe, etwas verquetscht an der Oktave die Septime (8:15 statt 8:16 wie bei der Oktave). Das sind die Zahlenverhältnisse der reinen, nicht der temperierten Stimmung.

Nun kann man ausprobieren, ob von jedem C-Dur-Ton aus mit gleichen Zahlenverhältnissen die je zugehörige Oktave und die anderen Intervalle gefunden werden können: Man erhält die verschiedenen Dur-Tonarten. Aber dies alles sollte — wie gesagt — der 7. Klasse vorbehalten bleiben.

4.5 Der Kehlkopf

Ohne auf den Kehlkopf ausdrücklich zu verweisen, hatten wir in Abschnitt 4.3.4 bereits erste Erfahrungen mit dem uns von Geburt an ständig mitgegebenen Instrument gemacht: unserem Kehlkopf. Nun rückt er in die Mitte der Betrachtung: Man kann zum Beispiel damit beginnen, daß man die Kinder beim Vorsprechen des Lehrers beobachten läßt:

1. Die *Konsonanten* werden im Mund mit Hilfe der mimischen Muskulatur, der Lippen, Zähne und der Zunge mit dem Gaumen gebildet. Man sucht sich dabei, durch bestimmte Konsonanten hindurchgehend, einen Weg von außen nach innen. Das meiste spielt sich aber doch noch an den mehr äußerlichen Sprechwerkzeugen ab; Gehörlose können Gesprochenes von außen ablesen.

2. Geht man anschließend mit der *Vokalreihe* U, O, I, E, A schrittweise in den Schlund zurück, in den Nasenrachenraum, so betätigt man Formungen, die immer noch oberhalb des Kehlkopfes stattfinden. Das A bildet den Übertritt ins reine Tönen, in den Gesang (la-la, tra-tra, nicht lo-lo oder tru-tru). Im A klingt das Lautliche an das Musikalische an. Wenn die Kinder das A — etwa im Chor — selber sprechen, können sie wahrnehmen, wie das A am tiefsten aus dem Grund der Kehle schöpft

— und wie die Aktivität, das Ergreifen des Körpers, noch tiefer hinabverlagert wird, wenn man das A nicht spricht, sondern singt.

3. Das *Singen* betätigen wir ganz vom Kehlkopf aus. Bei all dem geht es niemals ohne Atemstrom ab. Als wirksam erweist sich ein nach außen dringender Strom, der dann zugleich immer seelische Innerlichkeit hinausträgt.

Man kann nach und nach die folgenden Untersuchungen am Kehlkopf zum Teil vorführen, am besten aber den Kindern zum Ausprobieren für zuhause aufgeben:

- Man ermittelt den Tonumfang der menschlichen Stimme (etwa 3 Oktaven),
- Man sucht die Tonlage des Lautstärkemaximums schönen Gesanges (es ist die mittlere),
- Man versucht tonlos, das heißt mit Flüsterstimme zu singen: Der unterscheidbare Tonumfang ist sehr reduziert; die Töne sind zischend und künstlerisch unbrauchbar,
- Man spricht mit Flüsterstimme: Alle Verständigungsmöglichkeiten der Sprache sind erhalten, alle Laute formbar, und zwar unbeeinträchtigt nur die stimmlosen, das heißt die harten und kräftigen Konsonanten,
- Man versucht mit geschlossenem Mund und geschlossener Nase zu summen: Es gelingt nur, wenn man allmählich die Backen mit Luft füllt, also ein Luftstrom durch die Kehle gedrückt wird. Und zwar braucht man einen ausatmenden Strom, ein einatmender bringt nur verstümmelte Klänge.
- Man untersucht durch Anlegen des Ohres an Brust, Halsansatz und Schlund, wo bei einem gleichförmig Singenden der Ton entsteht.

Es liegt nun nahe, diese Tonentstehung im Hals mit einem Blasinstrument, etwa einer Blockflöte zu vergleichen. Das stimmt aber mit dem von uns Erlebten nicht überein: Wir kommen zu hohen Tönen nicht durch Verkürzen der Luftsäule wie bei der Flöte. Vielmehr bewirken wir hohe Töne durch Anspannen tief unten in der Kehle. — Man kann an etwas Dünnes, Bandartiges denken, das im Singen und Sprechen mehr oder weniger gespannt wird.

Es gibt aber nur eine Instrumentenfamilie, nämlich Horn, Trompete, Posaune und Verwandte, bei denen das Spannungsteil — die Lippen des

Spielers — während des Spielens willentlich geführt wird. Der Blechbläser ist mit seiner Backenmuskulatur ein Stück Instrument. Er kann dadurch seinen Willen besonders stark ausstrahlen.

Will man noch weiter auf die Gestaltung der Stimmritzen eingehen, so braucht dies nicht sezierend-anatomisch zu geschehen, sondern kann (mit der Einschränkung, daß dort keine veränderte Spannung entsteht) an dem Doppelrohrblatt der Oboe (Gegenschlagzungen) veranschaulicht werden. Auch das Klangbild der Oboe ist menschlichen Nasaltönen noch am ehesten vergleichbar. Wir können den menschlichen Kehlkopf auf diesem Hintergrund vielleicht als das gemeinsame lebendige Urbild der verschiedenen Instrumentengruppen charakterisieren, besonders der Blas-, aber auch der Streichinstrumente, denn ihr Ton wird vom Menschen bis in das Verklingen hinein künstlerisch geführt. Die Schlag- und Zupfinstrumente dagegen erlauben nur ein Abdämpfen am Ende, ein Abbrechen durch Berühren, keine volle Gestaltung des Leiserwerdens. Das Leiserwerden unterliegt dort mehr mechanischen Gesetzen.

Soll man dies alles noch in eine anatomische Schnittzeichnung des Kehlkopfs ausmünden lassen? Erst wenn man die historische Situation, die Stimmungen und Gefahren der ersten Leichensezierungen wieder hervorruft („Anatomie" von Rembrandt), dürfte man anatomische Zeichnungen des Kehlkopfs anschließen. Auf jeden Fall kann die Hals- und Mundpartie eines Schülers, wie man sie von außen sieht, im Profil gezeichnet werden.

Am Schluß kann man nun fragen: Wie kommen die anderen Naturwesen und Naturprozesse zum Tönen? Denkt man an die Stimmen der Tiere, die Geräusche des Wassers und der Luft und an die Klänge, die wir den verschiedensten Dingen durch Reiben und Klopfen entlocken, so bemerkt man unermeßlich viel Charakteristisches, das die inneren Zustände (wie mechanische Spannung bei den Stützpfeilern im Berg- und Tunnelbau), aber auch seelische Stimmungen offenbart — jedoch nicht so wandlungsfähig wie die menschliche Tongestaltung in Gesang und Sprache. Auf sie sowie auf die vom Menschen gestaltete Instrumentalmusik lassen sich alle weiteren Töne der Welt beziehen, nicht umgekehrt. Die Geräusche und Laute der Welt sind wie Splitter einer größeren Einheit. Sie mag noch über Musik und Stimme des Menschen hinausliegen. „Sphärenharmonie" nannten die Alten dieses klanghaft Wirkende im Weltenbau. Noch Johannes Kepler überschreibt sein großes Werk „Harmonicis mundi"[45].

4.6 Zusammenfassende Übersicht und Schlußbemerkung

Der für die 6. Klasse in der Lehrplanangabe vorgezeichnete Weg führt analytisch[46] vom Ganzen (der Musik) in die Teile (den physikalischen Einzeltönen). Der didaktische Aufbau ist also:

Gestaltete Tonwelt, Musik

↓

Hohe und tiefe Tonbereiche in ihrer Eigenart zueinander, im Bild der verschiedenen Instrumentengrößen und der verschiedenen Bewegtheit des Körpers des Spielenden usw.

↓

Paarweise hohe und tiefe Töne in ihrer Intervall- und Akkordbeziehung im Bild der Längenverhältnisse, Längenschritte,

↓

Einzeltöne am Rande der Musik im Bild der Vibrationsfiguren nach Chladni: Töne als Gestalter (das Umgekehrte wäre: Mechanische Schwingung als Tonursache),

↓

Einzeltöne auf dem Weg zur Musik in der Kehlkopfbetätigung,

↓

Einzeltöne außerhalb der Musik, die in die Gegenstandssinnlichkeit hineinfühlen lassen (gesprungene Tasse, verschiedene Hölzer usw.)

Beginnt man nicht mit der Musik als höherer Gesamtheit, sondern mit dem Einzelton, so reißt man das Kind aus der Ganzheit zu früh heraus, schneidet den Weg zu ihr vorläufig ab und kann den notwendigen analytischen Prozeß überhaupt nicht mehr durchführen. Dann ist

---

45) Die Vorstellungen aus alten Überlieferungen können uns niemals Zusammenhänge u n s e r e r Phänomene liefern. Haben wir uns aber zu solchen vorgearbeitet, so bereichert das Überlieferte unser V e r h ä l t n i s zu dem Betrachteten.

46) Die Problematik von „analytischem" und „synthetischem" Lehren wird ausführlicher bei M. von Mackensen [54] angesprochen.

man im Materialismus, denn man setzt ununterbrochen voraus: Das Ganze ist die Summe von Teilen. Es macht dann keinen entscheidenden Unterschied, ob man von den Tönen der Naturdinge und verschiedenen Materialien oder dem reinen, leeren Grundton eines Monochords und dessen Schwingungszahlen, Oberwellen und dergleichen ausgeht. Man betreibt atomistische[47] Akustik. Im ersten Fall, beim Eigencharakter der Klopftöne, läßt sich lediglich noch die elementare Sinneswahrnehmung umfassender ergreifen und mit „Romantik" mischen (nach Eichendorff: „Es schläft ein Lied in allen Dingen ...") Geht man jedoch entschieden von der Musik aus, so läßt sich schließlich auch bei den Klopftönen ein Rest von Musik, das heißt gerade das Zurücktreten des abgesonderten Eigencharakters, bedenken; das Eichendorffgedicht bildet hier den *Schluß* der Akustik.

4.7 Einige kommentierte Literaturhinweise

Zum Kehlkopf findet man Beschreibungen und Zeichnungen in [41], Band 2, Seite 114ff: etwas weniger ausführlich in [61], Seite 174f (anschauliche Zusammenfassung).

Eine umfassende Gesamtschau der Tonwelt aller Kulturen, dabei das Werk R. Steiners ausführlich einbeziehend, gibt als eine Art Lebenswerk der Musikwissenschaftler Hermann Pfrogner [72] (ab Seite 24: Die Intervallcharaktere).

Von einem erfahrenen Schulexperimentator, Wissenschaftler und erfolgreichen Lehrmittelproduzenten stammt ein Büchlein über das Gesamtgebiet der Akustik. Hier geht alles von der Schwingung der Materie aus. Bevorzugtes Elperimentierinstrument ist die unhörbare Ultraschall-Galtonpfeife mit Preßluftantrieb! Es ist als gut durchgearbeitete Gegenposition mit vielen packenden Einzelheiten sehr brauchbar: Helmut Krönke „Mechanische Schwingungen und Schall" [47].

Breit angelegt und in vielem für einen Unterricht der hier beabsichtigten Art ausnutzbar, in klarer, faktenreicher Darstellung: H. von

----

47) Vgl. Kapitel 8

Baravalle „Physik als reine Phänomenologie" Band 3, Akustik und Optik. [2]

Bislang unübertroffene Anschaulichkeit im Bereich der physikalischen Akustik kennzeichnet J. Tyndalls Vorlesungen „Der Schall" [104], die leider vergriffen sind, aber deren Neuherausgabe im Verlag B. Franzbecker, Hildesheim vorbereitet wird.

Eine Beschreibung einführender Unterrichtsfolgen für die Klassen 6 bis 8, welche Entwicklungen der Waldorfpädagogik allgemein zugänglich machen möchte, mit Versuchsanleitungen und Geräteangaben ist von Manfred von Mackensen unter dem Titel „Klang, Helligkeit, Wärme — Elektrizität, Magnetismus, Elektromagnetismus und Aeromechanik — Phänomenologischer Physikunterricht entwickelt aus Praxis und Theorie der Waldorfschule" beim Bildungswerk Beruf und Umwelt, Brabanter Straße 43, 3500 Kassel, erhältlich [55].

In physikalisches Grundwissen vertieft (und bleibt dabei doch anschaulich und konkret): Bergmann-Schäfer „Lehrbuch der Experimentalphysik", [6], Band 1.

Eine knappe, aber nur an wenigen Stellen verkürzte, stets übersichtlich gegliederte Musik-Strukturlehre und Betrachtung ihrer Elemente gibt: Erich Wolf „Die Musikausbildung", Band I, Allgemeine Musiklehre. [119]

Wohin eine nicht von der Musik ausgehende Tonlehre führt, zeigt schließlich das farbige Life-Sachbuch von S.-S. Stevens „Schall und Gehör" [101]. („Schall ist die geordnete Bewegung von Molekülen ...".) Darin sind aber gute Versuche zum Richtungshören enthalten.

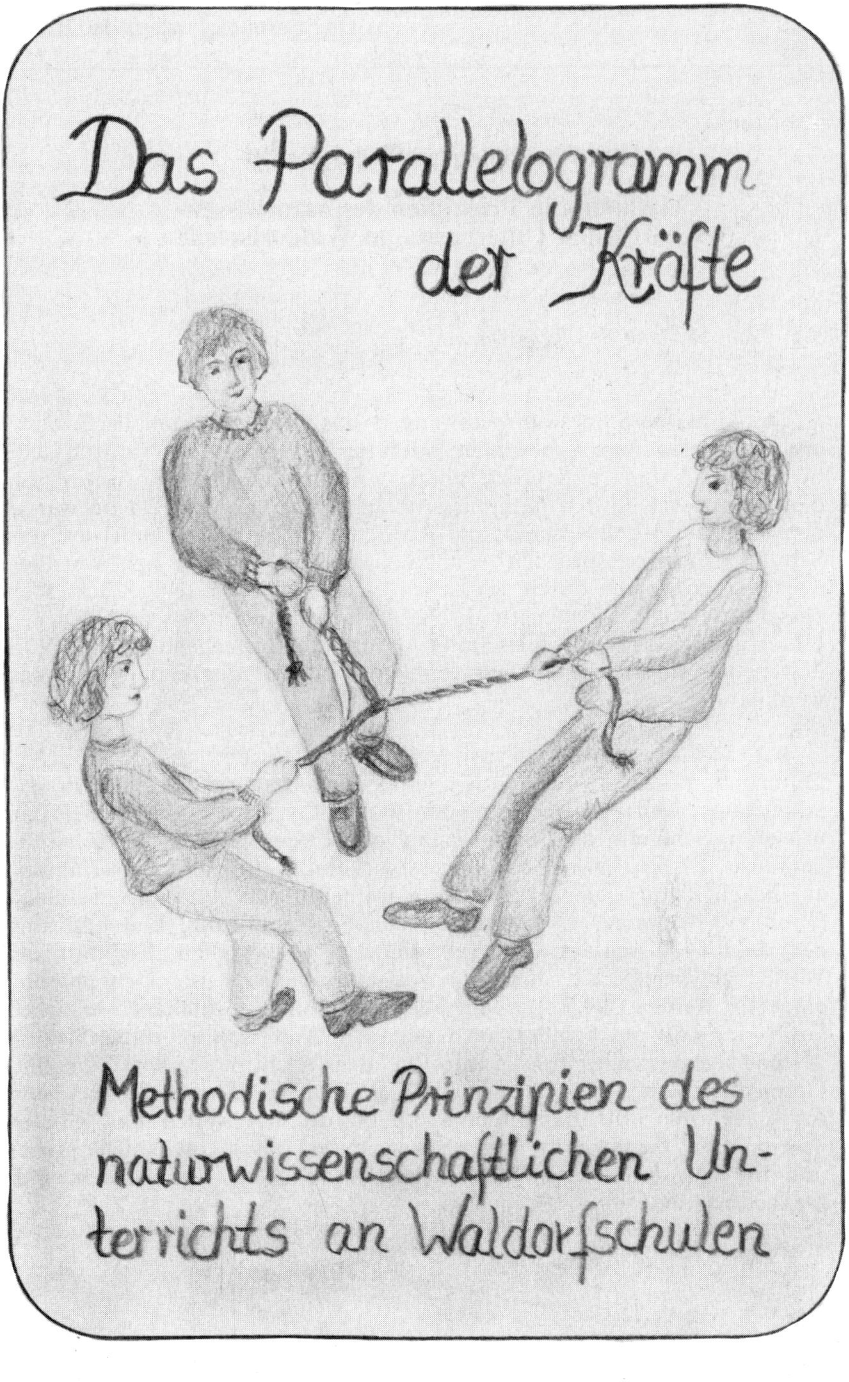
Das Parallelogramm der Kräfte
Methodische Prinzipien des naturwissenschaftlichen Unterrichts an Waldorfschulen

5.
Das Parallelogramm der Kräfte

Methodische Prinzipien des naturwissenschaftlichen Unterrichts an Waldorfschulen

5.1 Zur Stellung des Experiments

Die konkrete Sinneswahrnehmung — das naive, emotionelle Erlebnis am eindrucksvollen Experiment oder der erstaunlichen Naturtatsache bildet den Anfang und liefert überhaupt eine tragende Motivation für den Lernprozeß in den naturwissenschaftlichen Fächern. Davon war in den Kapiteln 3 und 4 bereits die Rede. Zum Beobachten motiviert den Schüler — unausgesprochen — auch die Gewißheit, daß sich aus allen Einzelheiten später durch kritisches eigenes Denken ein Stück Welt entschlüsseln wird. Der methodische Ansatz des naturwissenschaftlichen Unterrichts an Waldorfschulen geht entsprechend vor: Die Naturphänomene sollen erst erlebend, dann denkend verstanden werden.

An Schulen anderen Typs wird oft angestrebt, aus dem zuvor Durchgenommenen oder aus Arbeitshypothesen spezielle Fragen aufzustellen. Aus den *Fragen* heraus soll das Experiment gemeinsam mit den Schülern möglichst genau entworfen werden. Dazu wurde geradezu das „forschend— entwickelnde Unterrichtsverfahren" entwickelt, mit einer genauen Reihenfolge von „Denkstufen" (Problemgewinnung, Überlegungen zur Problemlösung, Durchführung des Lösungsvorschlags, Abstraktion der gewonnenen Erkenntnisse, Wissenssicherung), die ihrerseits nochmals genauer in „Denkphasen" eingeteilt werden (vgl.[84]). Oder aber man führt „Grundlagenversuche" vor (oder läßt sie Schüler nach genauen Anweisungen durchführen): „Grundlagenversuche führen hin zu den wichtigsten Begriffen und Gesetzmäßigkeiten der Chemie" ([84] S. 190) und Physik. — Im ersten Fall „verhören" die Experimente die Natur, im zweiten Fall gibt es bereits das „Grundgerüst chemischen [oder physikalischen] Wissens" und die „Struktur dieser Wissenschaft" ([46] S.94), die Handeln und Denken ordnet.

Der Waldorfschulunterricht kann auf die Erlebnisdichte und den konzentrierten Überblick einer Hauptunterrichtsepoche vertrauen, wenn er die Experimente erst nachträglich rechtfertigt und sie ganz als sinnenfällige Neuigkeiten vor die Schüler hinstellt. Eine Komposition neuartiger Erscheinungen und Effekte soll so naiv erlebt werden, wie ein Ausflug in eine noch nie gesehene Landschaft. Hier ist Offenheit also eher das Merkmal des Chemie- und Physikunterrichts.

5.2 Unterrichtsschritte

5.2.1 Ziele und Ausgangslage

Am Beispiel des Parallelogramms der Kräfte, eines Unterrichtsabschnitts aus dem Kapitel „Mechanik" in der 10. Klasse soll gezeigt werden, wie in Richtung auf die folgenden (Funktions-)Ziele gearbeitet wird. Diese sind ein nur relativ knapp formulierter Ausschnitt aus dem Gesamtkomplex der Zielvorstellungen einer Unterrichtsepoche.

Der Schüler soll unter anderem lernen:

- unvoreingenommen und unvorbereitet Beobachtungen anzustellen, im Gedächtnis festzuhalten und wiederzugeben,
- an einer dafür zusammengestellten Reihe von Einzelbeobachtungen
  a) Zusammengehöriges zu finden,
  b) Probleme und Fragen, das heißt Lücken im Zusammenhang herauszustellen,
- Erklärungen zu entwickeln und neue Begriffe zu bilden,
- die Begriffe zu verallgemeinern und mit ihnen die verschiedensten Gegenstände zu durchdenken.

Mehr am Ende der Epoche käme zur Ergänzung der Lernziele noch hinzu:

- aus eigenem Überblick ein System der Erkenntnis zu entwerfen (bzw. zu beurteilen) und zu behalten.

Es sei im Unterricht zuvor behandelt worden, wie sich eine eingeprägte Kraft an einem Körper durch Verformung und/oder Bewegung bemerkbar macht und durch die Verformung meßbar ist. Zwei entgegengerichtete Kräfte heben sich als Bewegungsursache auf. Diese

Verhältnisse sind in Vektorzeichnungen symbolisiert worden.

5.2.2 Erster Unterrichtsschritt: Experimente

Ohne vorausgeschickte gedankliche Problemstellung und ohne daß die Schüler protokollieren sollen, wird etwa das Folgende beobachtet:

a.1 Zwei Schüler ziehen über je eine Federwaage in einem Winkel von 120° an dem (vorerst raumfesten) Knotenpunkt dreier Seile. Kommt nun ein dritter hinzu, so kann er ihnen mit gleichem Ausschlag das Gleichgewicht halten.

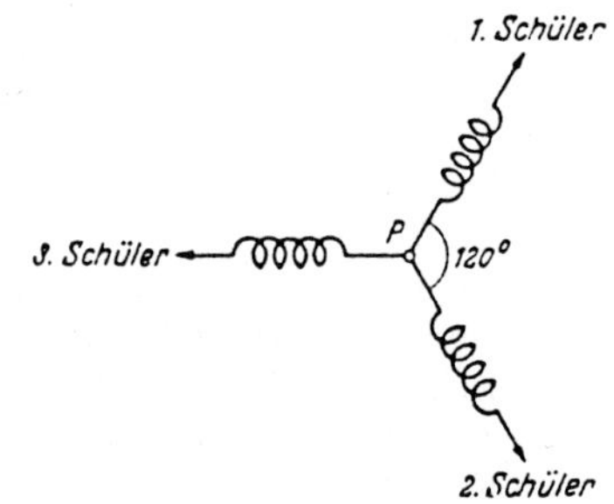

Abb 12. Versuch mit Kraftmessern

a.2 Ist der Winkel zwischen den beiden ersten Schülern größer als 120°, so spitzt ihn der dritte Schüler auf genau 120° zu, wenn alle nur darauf achten, gleichstark zu ziehen. Ebenso wird ein zu spitzer Winkel auf 120° abgestumpft.

a.3 Bei gestrecktem Seil (180°-Winkel) genügt schon eine sehr kleine Querkraft, um das (auf einer Fläche liegende) Seil merklich einzuwinkeln.

b.1 Über Umlenkrollen halten sich Gewichtskräfte das Gleichgewicht. Auch wenn man an den Gewichten hin und her zieht, stellt sich anschließend der rechte Winkel wieder ein.

b.2 Ein Zusatzgewicht in der Mitte ergibt einen spitzeren, ein Zusatzgewicht außen einen stumpferen Winkel.
b.3 Entfernt man das mittlere Gewicht ganz, so hängt die Schnur doch noch in leichter Krümmung durch. (Die beiden äußeren Gewichte sind jetzt gleich und die Umlenkrollen auseinandergerückt.)

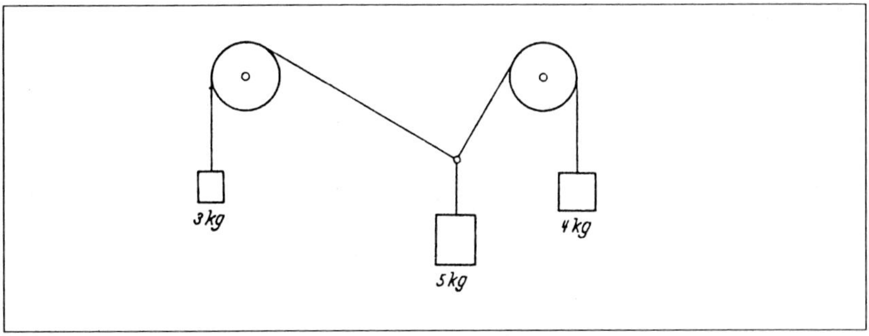

Abb 13. Versuch mit Gewichten

Die Schüler beobachten nicht nur; sie erleben Kräfteverhältnisse – sei es, daß sie selbst ihre Körperkräfte aufwenden müssen, sei es, daß sie sich in die Mitschüler (Reihe a) oder in die Gewichts- und Zugverhältnisse der Apparatur (Reihe b) "hineinfühlen".

5.2.3 Zweiter Unterrichtsschritt: Rückbesinnung und Protokoll

Nach dem Experimentieren werden die Aufbauten rasch abgeräumt und möglichst hinausgeschafft, damit nun die abgeschlossenen Beobachtungen geordnet werden können.

Auf entsprechende Lehrerfragen erzählen Schüler in eigenen Worten das Gesehene. Sie tragen vorerst noch subjektive Erlebnisse und Wahrnehmungen zusammen. Der Lehrer hält nicht dazu an, begriffliche Fragestellungen herauszuarbeiten oder gar schon zusammenfassend zu beantworten[48].

Die einzelnen Teilversuche erhalten erst jetzt je eine laufende Nummer. Die nötigen Zahlenwerte (3 kg, 4 kg, 5 kg) und einige Stichworte werden von den Schülern für die Versuchsbeschreibung notiert. Diese machen sie je nach Schwierigkeitsgrad sogleich anschließend mit dem Lehrer zusammen oder jeder für sich. Manchmal genügt eine beschriftete Zeichnung.

5.2.4 Dritter Unterrichtsschritt: Erklärung

Am nächsten Morgen findet stets als erstes wieder der Hauptunterricht statt. Zu Beginn wird der Lehrer die Versuche vom Vortag ansprechen, indem er zum Beispiel einzelne Versuchsbeschreibungen vorlesen läßt.

Nun kommt es darauf an, nach dem „Prinzip der minimalen Hilfe" ([24] S.92) ein Klassengespräch in Gang zu bringen. Die Schüler sollen selbst aus dem Überblicken der zurückliegenden Experimente die folgende Scheidung treffen können:

a) Es gibt Bekanntes, Durchschaubares, das immer wiederkehrt,
   - daß Kräfte mit Federn angezeigt oder mit Gewichten dosiert werden können
   - daß sich Kräfte mit raumfesten Rollen umlenken lassen
   - daß sich Kräfte gegenseitig aufheben können ...

b) Es lassen sich bestimmte Probleme aufwerfen, zum Beispiel:
   - Wie kann eine einzige Kraft mehreren auseinanderstrebenden das Gleichgewicht halten?
   - Welche Rolle spielt der eingeschlossene Winkel für die Wirksamkeit auseinanderstrebender Kräfte?
   - Wie können überhaupt Kraftvektoren, die nicht auf einer Linie

---

48) Eine solche verfrühte Erklärung wäre z.B. die Feststellung, daß hier stets je zwei Kräfte zu einer neuen, die der dritten entgegengesetzt gleich ist, zusammensetzbar sein müssen, oder die "Wirksamkeit" zweier Kräfte eine (monotone) Funktion des eingeschlossenen Winkels sein müsse.

liegen, zusammengesetzt werden? ...

An dieser Stelle wird das genetisch-sokratisch-exemplarische Verfahren von Wagenschein [109] angestrebt, indem nicht „zur ungefragten Antwort die ungefragte Frage" kommen darf ([37] S.30). Die Versuche selbst und das Bedürfnis nach Verstehen (Ordnung) sollten die treibende Kraft sein.[49] Das Gespräch mag ruhig über Umwege und Irrtümer nur tastend vorankommen: Die Schüler müssen erleben, daß sie auf sich gestellt sind. (Manche Schüler empfinden das als lästig.) Zum Schluß wird (schlechtestenfalls auf Leitfragen des Lehrers hin) die bekannte Argumentation auftauchen: Wenn die dritte Kraft den Punkt P nicht in Bewegung versetzt, so muß dort eine gleich große Gegenkraft vorhanden sein. Die Gegenkraft wird aber als solche faktisch nicht ausgeübt (eingeprägt). Sie rührt von den beiden Kräften 1 und 2 her.

Die Schüler können nun die genaue Parallelogrammkonstruktion für die Resultierende zweier Kräfte selbst finden. Das Kräfteparallelogramm wird an sämtlichen experimentellen Befunden des Vortags geprüft und auch rechnerisch mit Hilfe des Satzes von Pythagoras bestätigt (Versuch b.1).

5.2.5 Vierter Unterrichtsabschnitt: Erweiterung und Umschau

Der neu gebildete Begriff der Resultierenden wird auf die Zusammensetzung von mehr als zwei Kräften angewandt. Auch durch gezielte Lehrerfragen, Lehrervortrag oder Schülerreferate können jetzt die erarbeiteten Erkenntnisse relativ rasch im Sinne des exemplarischen Prinzips erweitert werden. So könnte unter Bezug auf die Zusammensetzung von Kräften nunmehr deren Zerlegung ohne neuerliche Experimente behandelt, oder allgemein auf Vektoraddition und -subtraktion eingegangen werden. Diese Erweiterungen sollte der Lehrer so gestalten, daß im Sinne einer inneren Differenzierung die begabten Schüler noch zusätzliche Aspekte und Kenntnisse erhalten, ohne daß die weniger fortgeschrittenen Schüler im vorangegangenen Erfassen des Grundsätzlichen verwirrt werden.

---

49) Vgl. auch [18].

Als nächstes werden Beispiele gesucht: Straßenlampe zwischen zwei Häusern, Oberleitung, Drahtseilbahn und ähnliche. Die Schüler können auch selbst technische Anwendungen erfinden. Man versucht, mit den neuen Begriffen möglichst weite Bereiche zu betrachten. So könnte man zum Beispiel die ganze Welt durchmustern unter der Frage: Wic sähe sie aus, wenn die gefundenen Gesetze nicht gälten. Wenn die Resultierende mit dem Winkel zunehmen würde, gäbe es keine stabilen Hängelagen der Straßenlampen; wenn sich die Kräfte nicht in Komponenten zerlegen ließen, gäbe es keine „schiefe Ebene" und so weiter.

5.2.6 Fünfter Unterrichtsschritt: Übung

Es folgen nun im Stundenverlauf an dieser Stelle neue Experimente nach der beschriebenen Methode. Zum Aufnehmen dieser Experimente braucht der Schüler die theoretischen Betrachtungen der gerade beendeten Stundenabschnitte nicht festzuhalten. Mit Versuchen beginnt vielleicht ein ganz neues Kapitel.

Nach der „Rückbesinnung" dieser anderweitigen Versuche soll das morgens Geklärte übend befestigt werden. Wir sind im letzten Teil des Hauptunterrichts. Der Lehrer wird Aufgaben stellen, in denen Kräftezusammensetzungen (und -zerlegungen) vorkommen. Er wird dabei eine innere Differenzierung vornehmen, indem er einigen Schülern eine besonders schwere Aufgabe gibt (z.B. das Aufsuchen einer allgemeinen Formel für die Resultierende zweier gegebener Kräfte mit Hilfe des Cosinussatzes). Die besonders langsamen Schüler wird er durch eine recht primitive Aufgabe noch einmal auf das Grundlegende verweisen.

Nachdem die Schüler sich die am Morgen erarbeiteten Begriffe wieder zurechtlegen mußten, gilt es, gemeinsam den Hefteintrag zu formulieren. Ein eventuell im Anfangsteil des Hauptunterrichts angelegtes Tafelbild wird jetzt vielleicht übernommen.

5.3 Das Prinzip des Ruhen-lassens

Von 1921, aus den Gründungsjahren der ersten Waldorfschule in Stuttgart, stammen maßgebende Anregungen R. Steiners ([93] S.45), die zu dem hier Dargestellten geführt haben.

Es erweist sich zumindest als ökonomisch, die begriffliche Durchdringung eines Stoffes zu trennen vom Erlebnis des Experiments und der allseitigen Beobachtung. Auch Erwachsene werden zum Beispiel bei Betriebsführungen noch stark angestrengt, wenn sie beides zusammen tun müssen. Schaltet man eine Ruhezeit dazwischen, so daß der erste, gefühlsmäßige Eindruck überschlafen werden kann, so fußen die nachträglich herausgearbeiteten begrifflichen Zusammenhänge auf einer Realität, die die Schüler viel stärker als ihre eigene empfinden.[50] Man verschenkt zwar mit dieser Methode die unmittelbare Denkmotivation, die im Anschauen von neuartigen Versuchen liegt — dadurch macht es sich der Lehrer schwerer —, gelingt es ihm aber dennoch, am nächsten Tag ein interessantes Gespräch über die Versuche des Vortages anzufachen, so kann er erfahrungsgemäß nach zwei Seiten mehr erreichen:

- Durch das vorangegangene Beschreiben der Versuche haben sich auch die langsamen Schüler mit dem Tatsachenmaterial auseinander gesetzt und haben zum Teil selbst schon die Probleme entdeckt.
- Weil bei der erklärenden Urteilsbildung immer wieder der Erinnerungsüberblick über die Beobachtungen herausgefordert wird, vermögen die Schüler die Begriffe in ihrem Erinnerungsvermögen stärker zu verankern.

Indem die theoretischen Erörterungen für sich stehen, können sie weiter gespannt, indem die Experimente für sich stehen, können sie tiefer erlebt werden.

Das Prinzip des Ruhen-lassens liegt auch noch darin, daß zwischen Erklärung des Stoffs (3. und 4. Unterrichtsschritt) und übender Anwendung (5. Schritt) ein anderer Abschnitt (zum Beispiel: Erweiterung und Umschau) eingeschoben ist. In der Aufteilung des gesamten Stoffs auf jährliche Epochen finden wir schließlich das Prinzip im Großen wieder.

---

50) Andeutungen darüber, daß ein gelernter Stoff in der Nacht „weiterarbeitet", findet man auch bei M. Wagenschein [109], Seite 16.

5.4 Zur Beteiligung der Schüler an der Planung der Experimente

Die oft übliche, problembewußte Vorplanung der Experimente durch die Schüler wird bei der hier geschilderten Methode zugunsten der anderen, im vorigen Abschnitt geschilderten Vorteile sehr an den Rand gedrängt. (Es kommt aber durchaus vor, daß von den Schülern vorgeschlagene Experimente ausgeführt werden.) Zu bedenken ist, daß sich die Waldorfschule durch die Methode bemüht, auch hier *Gesamtschule* zu sein. Die Klassen sind nicht ausgelesen oder in Leistungskurse aufgelöst.

Würde z.B. nach dem Experiment a.1 versucht werden, die übrigen oder ähnliche Experimente von den Schülern im voraus angeben oder begründen zu lassen, so hieße das: Einige Schüler bilden Begriffe (auf die mit Hilfe von sechs Versuchen hingeführt werden soll) — zumindest in vager Form — bereits aus einem einzigen, oder nur wenigen Versuchen. Das vermag aber nur ein Teil der Schüler; der "Rest" würde so schnell nicht mitreden können. Das ruhige Beobachten der Versuche würde für diesen "Rest" der Klasse durch das Bemühen, halbverstandene Begriffsbildungen bereits anzuwenden, gestört. Es entstünde die Gefahr, daß die „Guten" der Klasse immer aktiver und die „Schlechten" immer schlechter werden.

Mehr in den unteren Klassen, etwa der sechsten und siebten, ist die Situation anders.[51] Dort kommt es besonders darauf an, die Kinder erleben zu lassen, was man alles an unerwarteten Wahrnehmungen auf der Welt haben kann. Innerhalb eines Wahrnehmungsfeldes (etwa Schmelzen und wieder Erstarren) können die Schüler mit dem Lehrer spontan herumprobieren und die originellsten Einfälle realisieren (etwa: was alles noch geschmolzen werden kann).

Die mit dem „forschenden Planen" von Experimenten ermöglichte Eigenaktivität der Schüler strebt die Waldorfschul-Methode auch an, aber an anderen Stellen des Fachunterrichts. In den Versuchsbeschreibungen zum Beispiel soll der Schüler in eigenen umgangssprachlichen Worten das Besondere des Erlebnisses einzufangen suchen; er soll nicht

----

51) Vgl. Kap. 3 und 4

nur mit uniformen Fachwörtern allgemeine Erscheinungsmuster konstatieren.[52]

In allen Unterrichtsschritten, außer dem Experimentieren, werden die Schüler zu vielseitigen Äußerungen aufgefordert. Besonders bei der Erklärungssuche kommt es zentral auf die Ideen der Schüler an. — Aber solche Schülerbeiträge wird der Lehrer nicht nur im Sinne des Klassengesprächs beurteilen, sondern sich auch fragen: Was bedeutet es für den betreffenden Schüler, gerade diese Seite des Gegenstandes so anzuschauen, oder sich überhaupt an dieser Stelle einzuschalten? Er wird versuchen, sich ein Bild von jedem Schüler zu machen, das dessen ganze Situation mitumfaßt.

Aus der Mitarbeit im Unterricht, aus den Hausaufgaben und den Klassenarbeiten kann der Lehrer dann auch die fachliche Entwicklung des einzelnen Schülers beurteilen. Ein lückenloser, aktenkundiger Beleg für dieses Urteil braucht an der Waldorfschule nicht angestrebt zu werden (von den Abschlußklassen abgesehen).

5.5 Praktische Übungen und Leistungsbewertung

Man würde ein schiefes Bild vom naturwissenschaftlichen Unterricht an Waldorfschulen bekommen, wenn man meinte, praktische Übungen und Leistungsbewertung spielten nur eine untergeordnete oder am Ende gar keine Rolle, forschendes Lernen sei nicht vorgesehen und es gäbe ja auch keine Noten.

Ab der 9. Klasse gibt es neben den Chemie- und Physikepochen, wie sie in den bisherigen Kapiteln besprochen wurden, jedes Jahr ein Chemie- und ein Physik*praktikum*. Wir wollen am Chemiepraktikum der 9. Klasse aufzeigen, wie man gerade in einer solchen praktischen Tätigkeit zu einer gesunden Leistungsbewertung gelangen kann.

---

52) Darüber hinaus gibt die Waldorferziehung eo ipso der Schüleraktivität mit vermehrten musischen Fächern und mit besonderen Schulveranstaltungen (Festen, Monatsfeiern, Klassenspiel-Aufführungen, Klassenfahrten usw.) eine vielseitige Entfaltung.

Es geht zum Beispiel darum, eine chemische Reaktion – etwa das Seifensieden – möglichst selbständig, das heißt unter eigener Kontrolle stufenweise zu einem brauchbaren Endprodukt zu führen. Dazu muß die Zusammensetzung von Proben des Reaktionsgemischs (des Suds) untersucht werden. Wieviel Fett ist noch nicht umgesetzt, wieviel Alkali? Die Schüler sollen von bestimmten chemischen Operationen und Wägungen zu zahlenmäßigen Ergebnissen kommen. Sie laborieren nicht nur, sie werten auch aus, berechnen. Das ist für einen Neuntkläßler sehr schwer. Es verlangt Konzentration und ruhigen Überblick.

Muster solcher Gehaltsbestimmungen werden zuerst an Salzlösungen geübt. Zum Beispiel: Ein vorher gewogenes Reagenzglas von x Gramm Gewicht wird zu einem Viertel mit Salzlösung gefüllt und wieder gewogen (y Gramm). Nun wird die Lösung durch dauerndes Kochen eingedampft, bis nur noch das trockene Salz übrigbleibt. Dann wird das Reagenzglas mit diesem erneut gewogen (z Gramm). Wieviele Pannen können da passieren! Das Wägeergebnis wird zum Beispiel falsch abgelesen oder falsch notiert; oder es wird beim Einkochen Lösung verspritzt; oder das Salz wird nicht bis zur völligen Trockenheit erhitzt. Auch Kondenswasser am Hals des Reagenzglases bringen Fehler. Und ist alles gelungen so drohen neue Hindernisse bei der Auswertung:

Die Wägeergebnisse müssen in der richtigen Anordnung von einander abgezogen sein. Das Gewicht der Lösung ohne Reagenzglas wird nämlich – wie der Schüler sich selbst immer wieder klar machen muß – durch die Subtraktion y minus x erhalten, das Gewichts des Salzes durch z minus x. Die gesuchte Gehaltsangabe soll als Bruchteil Salz formuliert werden. Man lernt: Der Bruchteil eines gemeinten Anteils ist die Menge des Gemeinten durch die Gesamtmenge, also:

$$\text{Bruchteil} = \frac{\text{Gemeintes}}{\text{Gesamtes}}$$

$$\text{hier: Bruchteil} = \frac{\text{Gewicht des Salzes}}{\text{Gewicht der Lösung}} = \frac{z-x}{y-x}$$

Der Prozentsatz ist dann der Bruchteil mal 100.

Nachdem dies alles an Beispielen erklärt ist und jeder Schüler eine Salzlösung übungsweise bestimmt hat, kommt die unerbittliche Leistungsforderung: Die Schüler erhalten eine unbekannte Salzlösung, und zwar jeder eine von anderer Konzentration. Sie sollen diese in selbständiger Arbeit untersuchen und den richtigen Bruchteil und Prozentsatz schriftlich angeben. Wer falsche Werte angibt, muß die Bestimmung unter Umständen mit einer neuen Lösung wiederholen.

Was spielt sich nun alles ab, wenn der gelieferte Wert weit außerhalb der reichlich bemessenen Fehlergrenze liegt, wenn er vielleicht ganz unsinnig ist? Hier liegt der Unterschied zum unpersönlichen Zensurensystem. Es kommt nämlich nicht darauf an, daß sich der Lehrer jetzt ein unanfechtbares, sachliches Urteil bildet und vielleicht eine Note ins Notizbuch einträgt, sondern er muß beobachtet haben, wie der einzelne Schüler gearbeitet hat, ob er sich bemüht, ob er sich in Ruhe konzentrieren konnte. Erst dadurch wird ein Sachergebnis überhaupt beurteilbar. Der Lehrer muß nun überlegen, wodurch der Fehler wohl entstanden sein mag. Das genügt aber noch nicht. Das Entscheidende ist, daß jetzt statt des Urteils eine individuell angepaßte Folge eintritt: Der Schüler wird beraten und wiederholt ganz oder teilweise das Mißlungene, oder er übt noch einmal die Auswertung oder nur die Bruchrechnung an einem ähnlichen Beispiel oder dergleichen.

Der Leser wird in Erinnerung eines zünftigen Notensystems fragen, ob denn nur die schlechten Leistungen beurteilt und „bestraft", nicht auch die guten gelobt und hervorgehoben werden. Prämiert man zum Beispiel die besonders genauen und in kurzer Zeit erbrachten Ergebnisse? Die Antwort ist: Nein! Denn es ist nicht einzusehen, warum ein geschickter, flinker Schüler, der sich vielleicht auch noch bei den Wägungen vordrängelt, um mit leichter Hand rasch ans Ziel zu kommen, gegenüber dem langsamen und sich abmühenden Kameraden dekoriert werden soll — etwa indem man ihm eine „Eins" gibt. Diese „Eins" bekäme er gar nicht für das, was er geleistet hat, sondern für etwas, das ihm zugefallen ist. Das rasche Ergebnis ist für ihn gar keine Leistung. Statt ihn also mit der „Eins" aus dem sozialen Zusammenhalt herauszureißen, wird man versuchen, seine größere Fähigkeit wieder auf die Allgemeinheit der Klasse zurückzulenken, indem er Schwächere unterstützt, Ordnungsaufgaben übernimmt und so weiter.

Wenn der Schüler die Befriedigung (psychologisch: Verstärkung) nicht in der gelungenen Arbeit selbst und der freudigen Zustimmung des Lehrers findet, sondern wenn er sie im Statussymbol einer Note sucht, offenbart er die innere Leere der Aufgabe, die Unfähigkeit der Beteiligten, gemeinsam in einen pädagogischen Prozeß zu kommen.

Wir sehen also: In diesem praktischen Chemie- oder Physikunterricht bekommen die Schüler verbindliche Einzelaufgaben, bei denen Denken und Tun zusammenspielen müssen. Solche Aufgaben können gerade in der Situation eines Praktikums (halbe Klassen) einzeln und individuell beurteilt und sogar wiederholt werden. Es lassen sich sofort Konsequenzen ziehen. Und erst die der Handlung unmittelbar und einsehbar nachgeschaltete Folge erzieht zur Selbständigkeit im Willen.

Ein solches Unterrichtspraktikum führt den Schüler vom Denken zum Tun und wieder zurück zum Denken — und dann wieder ins Tun. Zuerst wird vorbesprochen, die Aufgabe vorgestellt, dann wird ein erster Ausführungsversuch unternommen, dieser wird nachträglich untersucht und für den Schüler einsehbar beurteilt (Denken), dann nachgebessert oder wiederholt (Tun). So geht es immer hin und her — das ist lebensgemäß. Die Wechsel ergeben sich nicht durch die Unterrichtsgliederung wie im Hauptunterricht, sondern durch die objektive Aufgabe und das nun einsetzende Vorgehen des Schülers: durch *seine* Schwächen und Stärken. Und der Schüler durchlebt dies alles; er lernt sein Handeln selbst zu bedenken und wird selbständig.

Atomistische Modellvorstel-lungen

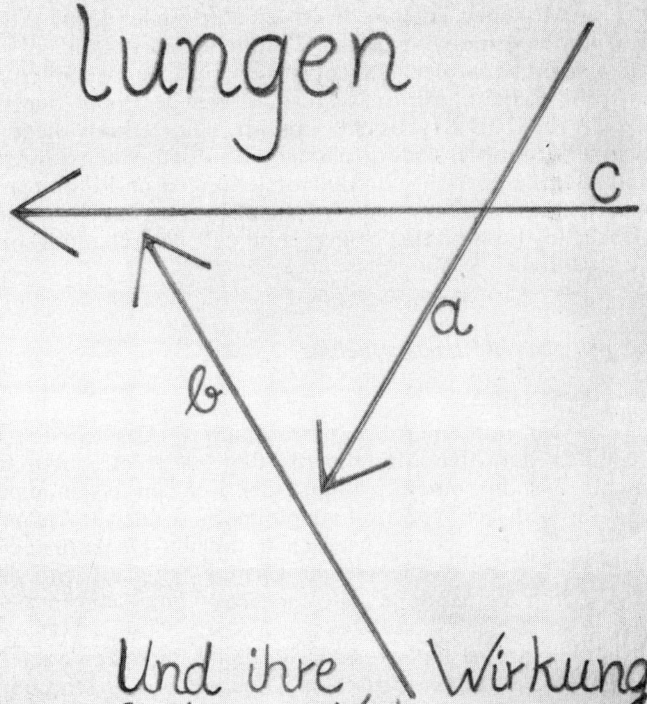

Und ihre Wirkung auf das Naturver-ständnis (junger) Menschen

6.
Atomistische Modellvorstellungen

ihre Wirkung auf das Naturverständnis (junger) Menschen

Wenn im Chemie- und Physikunterricht von „Modellen" oder vom „Denken in Modellen" die Rede ist, sind in erster Linie Atommodelle und mehr oder minder visuell-anschauliche Vorstellungen vom Atom gemeint. An ihnen wollen wir entwickeln, welche Bedenken sich gegen ihre zu frühe Behandlung im Unterricht aus der Sicht der Waldorfpädagogik ergeben. Die Absicht unserer Darstellung liegt darin zu begründen, warum die Waldorfpädagogik in den ersten Jahren des Chemie- und Physikunterrichts Modellvorstellungen und damit auch Atom- und Teilchenmodelle vermeidet, obwohl diese doch gemeinhin als unentbehrliche Lehrinhalte gelten und als Anschauungshilfen hoch geschätzt werden.

6.1 Versuch einer Bestandsaufnahme

Beginnen wir mit einer Bestandsaufnahme. Die leitende Frage sei: Was bedeuten derartige Modelle für das Naturbetrachten überhaupt? Also nicht: Was für einen Aufbau oder welchen systematischen Wert haben sie an sich, als Wissenschaftspfeiler — sondern: Was verursachen sie geistig und psychisch im Menschen; welche Denkmuster entstehen, welche Haltungen zur Welt? Welche geistige Tätigkeit wird dem jungen Menschen durch die Modelle als „Verstehen" eingeübt, eindressiert?

Sofern der einzelne naturwissenschaftliche Pädagoge oder Didaktiker nicht einem erkenntnistheoretischen Anliegen lebt — Studium und Praxis begünstigen dies wohl meist nicht — , wird er selbst das oft zitierte „naturwissenschaftliche Weltbild" besitzen. Auch wenn die führenden Physiker — wie wir noch erörtern werden — ein solches ablehnen, das heißt, in den Bereich der Ideologie verweisen müssen, so wird dasselbe doch von populären und journalistischen Darstellungen und durch die Massenmedien zur gültigen Welteinstellung von jung auf befestigt.

Diese Grundeinstellung erweist sich zugleich als die uneingestandene Ausgangsentscheidung fast jeder Art von Didaktik der Naturwissenschaften. Um was für eine Weltsicht handelt es sich?

6.1.1 Einige Grundzüge des naturwissenschaftlichen Weltbildes

Die grundlegende Vormeinung am Ausgangspunkt jedes „naturwissenschaftlichen Weltbildes" ist, daß die Natur, die Welt überhaupt ohne den Menschen, das heißt ohne sein erkennendes Bemühen fertig vorhanden ist: daß eine bestimmte, zunächst wenig veränderliche Menge Materie in verschiedenen Materieportionen (Gegenständen) existiert. Aus solchen bildete sich — man meint: zufällig — das Weltall und schließlich das Leben auf der Erde.

Alles, was real ist — und nur das — besteht aus zugrundeliegender Materie, das heißt aus den rund 100 chemischen Elementen[53]. Die Gegenstände beruhen auf sich, auf ihrer Materie und haben nur äußerlich Beziehungen untereinander, zum Beispiel durch mechanische Kräfte oder bei chemischen Veränderungen durch Atom-Umgruppierungen.

Komplizierte räumliche Eiweißstrukturen in den Zellen sind Träger der genetischen Information der Vererbung und bauen — einer programmierten Maschine gleich — die Körper aller Lebewesen nach rein chemischen und physikalischen Gesetzen auf. Alles, was zu greifbarem Dasein kommt, beruht also letztlich auf Gesetzen der Materie. Das menschliche Bewußtsein ist zwar dadurch nicht ganz erklärbar, aber in mannigfaltiger Weise physisch beeinflußt. Es läßt sich vielleicht beim Fortschritt der Forschung ebenfalls immer mehr auf physiologische Gegebenheiten zurückführen, das heißt: materiell begründen.[54]

Reales Sein kommt demnach nur den materiellen und materiell bestimmten Dingen zu; und dann auch nicht dem Ding selbst, so wie es uns erscheint, sondern seiner zugrundeliegenden Materie und deren

----

53) die in einer nochmaligen Reduktion als Atomsorten verstanden werden. Vgl. [17].

54) vgl. auch Kapitel 2.5

Struktur. Alles übrige ist subjektiv, ungreifbar, rasch vergänglich — das heißt: nur Wirkung. Darunter fällt das eigene menschliche Erleben, wie es ist, das Erleben von Wahrnehmungen, von Gedanken, auch wissenschaftlichen Gedanken. Das Erleben hat keine objektive Wirklichkeit und ist deshalb — naturwissenschaftlich gesehen — wertlos.

Dieser gleichsam allmächtigen, überall zugrundeliegenden und auf sich selbst beruhenden Materie können nun bestimmte verursachende Strukturen, schließlich von atomarer Größenordnung zugeordnet werden. Sie sind die wahren Ursachen von allem. Die makroskopischen Eigenschaften *täuschen* eine in sich selbst bestehende, eine leuchtende, farbige, von Klang, Wärme und Leben erfüllte und in vielfältiger Schönheit erglänzende Welt den Sinnen nur *vor*. Nur weil die wahren Strukturen, die dies alles verursachen, so klein sind, verschwimmen sie für den wahrnehmenden Blick zu den einheitlichen Naturgegenständen, zum Beispiel den Pflanzen.

Der also getäuschte, vorwissenschaftliche (zum Beispiel goethische) Blick sucht in der sinnenfälligen Gesamterscheinung die Ursache ihres Werdens — während sie doch in den Zellen und letztlich in den molekularen und atomaren Strukturen beschlossen liegen muß. Über diese Strukturen kann weder das Erleben an der offenbaren Sinneswelt, noch das ursprüngliche Denken etwas ausmachen. Vielmehr ist es Sache der Experten, mit Apparaten Aussagen zu gewinnen, in ein System zu bringen und in einer formalisierenden Sprache (nicht der Sprache des Alltags) der übrigen Menschheit weiterzureichen. Die Laienwelt nimmt das Gebotene auf ihre Art zur Kenntnis — wie sollte sie anders? Sie beeilt sich aus den geistigen Fertigprodukten technischen „Nutzen" zu ziehen. Sinn- oder Wesensfragen können innerhalb dieser Gedankenketten nicht gestellt werden; sie verschwinden aus dem Fragenbewußtsein, weil dieses Naturbild als eigentliche Wirklichkeit verstanden wird. Der (vorübergehend!) einsetzende praktische Nutzen gilt (teils ausgesprochen, teils unbewußt) als Wahrheitsbeweis für die im Denken benutzte Atomwelt und das ganze Weltbild.

Dieser zugespitzte Verlaufsbericht des Unternehmens Naturwissenschaft ist bewußt keine eigentliche philosophische Untersuchung. Das „naturwissenschaftliche Weltbild" sollte hier nur so geschildert werden, wie es tatsächlich auftritt und auch unausgesprochen, zum Beispiel in der Schule *wirksam* ist; auffindbar auch in verbreitetem didaktischem Unterrichtskonzept. Wir behaupten nicht, daß die naturwissenschaftlich

Gebildeten in dieser Form und allein so denken, sondern lediglich, daß sie — oft nur durch ihr Handeln — festsetzen wollen, es dürfe zum Beispiel an Schulen nur *so* wissenschaftlich gelehrt werden. Wir müssen auch nicht diskutieren, wie diese Weltsicht von einigen Vetretern auf höherem Reflexionsniveau ausgesprochen und unter bestimmten Prämissen gerechtfertigt wird. Unsere philosophische Untersuchung soll sich auf die Kritik desjenigen beschränken, was auf dem Felde naturwissenschaftlicher Bildung und Einstellung *populär* wirksam ist, was Lebensgrundstimmung und schließlich pädagogisches Handeln geworden ist.

6.1.2 Konsequenzen für das allgemeine Bewußtsein

Dem geschilderten zeitgenössischen Naturverständnis hängt mehr oder weniger unbewußt wohl die Mehrheit all derjenigen an, die naturwissenschaftlichen Unterricht erteilen, planen oder theoretisch begründen. Die erdrückende Mehrheit der populären Veröffentlichungen in Zeitschriften, Sachbüchern und naturwissenschaftlichen Jugendbüchern hämmert es dem Heranwachsenden ein. Und die meisten Jugendlichen und auch Erwachsenen denken und empfinden in diesen Bahnen — wenigstens dann, wenn sie sich zur wissenschaftlichen Betrachtung erheben wollen.

Ein Mensch, der sich total im Sinne dieses Weltmodells zur Umgebung einstellen würde, müßte jedes Vertrauen, durch eigenes ursprüngliches Wahrnehmen etwas von der Welt erfahren zu können, verlieren. Die umgebenden Phänomene wären ihm nur Signale für Dahinterliegendes: nicht Wirklichkeit, sondern Wirklichkeitskostüm — eigentlich täuschender Schein. Damit würden einem solchen Menschen wesentliche geistige Antriebe fehlen. Er könnte nur in Abgeleitetem die objektive Wirklichkeit erblicken. Die gesamte, wahrnehmbar sich darbietende (phänomenale) Welt wäre ihm *Medium*, nicht Wirklichkeit. Auch als Mensch müßte er sich als „Medium" der Materiestrukturen fühlen.

Sachkundige Physiker ebenso wie repräsentative wissenschaftliche Werke und Hochschullehrbücher der Physik rücken von einem solchen einseitigen Weltmodell ab. Sie tun dies jedoch in einer eingeschränkten Weise, eigentlich nur „akademisch"; sie rücken davon nicht so schnell ab, wie man es angesichts der fatalen Auswirkungen für das

Kulturbewußtsein wohl müßte. Die Distanzierungen bleiben unterkühlt, verbal — so wie man sich gegen einen entfernten, längst lästig gewordenen philosophischen Einwand pflichtgemäß und flüchtig rückversichert. Es entsteht daraus keine andere Weltorientierung der zeitgenössischen Öffentlichkeit und erst recht keine neue Unterrichtsmethodik.

6.1.3 Begründungen, die für eine frühe Einführung des Atombegriffs in der Schule genannt werden

Aber: Im Zeitalter der Auseinandersetzung um die Kernenergie meinen viele Menschen, in der Schule käme man nicht mehr darum herum zu lehren, was Atome seien. Sehr *früh* möchten manche dies schon an die Kinder herantragen.

Es gibt kaum ein Schulbuch der Chemie, weder für die Hauptschule noch für die Realschule, geschweige denn für das Gymnasium, das nicht auf den ersten Seiten „Teilchen" oder Atome und Moleküle einführt. Und auch wenn man als Schulbuchautor ohne Atomismus auskommen möchte (etwa [115]), muß man wenigstens doch am Ende ein paar Zeilen dafür erübrigen, sonst wird das Buch von den Kultusministerien nicht zum Gebrauch an den Schulen genehmigt — und welcher Schulbuchautor möchte schon den Ast ansägen, auf dem er sitzt? Ja, sogar Grundschulbücher des Sachunterrichts bleiben davon nicht verschont[55]. Auch in fast allen Physikbüchern der Sekundarstufe I finden sich bereits „Teilchenvorstellungen", „Teilchenmodelle" oder ähnliches. An solchen Büchern kann man belegen, daß die Gefahren sich tatsächlich erfüllen, die im nächsten Abschnitt ausführlich beschrieben werden sollen.

Der überwiegende Teil der Chemiedidaktiker an den Universitäten und Pädagogischen Hochschulen hält eine sehr frühe Einführung der Atomvorstellung für unabdingbar, da ein Chemieunterricht ohne diese nach ihrem Verständnis schlechterdings undenkbar sei. Gelegentlich

---

55) etwa [4] Seite 107 ff. — Anmerkung zur 3. Auflage: Zur Zeit (1989) ist die Forderung nach Einführung der Atome weder für die Grundschule noch für die Orientierungsstufe aktuell. Dennoch haben wir dieses Zitat nicht entfernt, weil solche Überlegungen ja tatsächlich angestellt wurden und möglicherweise auch wieder aktuell werden können.

wird die These des amerikanischen Lernpsychologen Jerome Bruner als Begründung hierfür herangezogen, ein Lernen entlang der „Struktur der Disziplin" ([10] S. 30-43) — und die Struktur der Wissenschaft Chemie sei eben ohne Atome undenkbar — zeige eine „verständniserschließende Wirkung auf die Umwelt", erhöhe die Behaltensleistung und sei ein Verfahren, den Fachunterricht rationeller zu gestalten[56]. Doch scheint uns diese Begründung eher zur nachträglichen Verteidigung herangezogen zu sein, denn als Ausgangspunkt für Gestaltungsfragen des Chemieunterrichts zu dienen.

6.1.4 Mechanisch-materialistische und modellistische Zugänge zum Atombegriff

Eine Einführung von Atomvorstellungen in so frühem Alter kann nicht ohne drastische Verkürzungen und Ausblendungen geschehen. Eine davon, die häufigere und historisch lange Zeit wirksam gewesene[57], betrachtet Atome wie Materie von der Art, wie wir sie bei Tischen und Stühlen gewöhnt sind. Meist denkt man sich die Atome als Kugeln: Schwefelatome als kleine gelbe Kugeln, Eisenatome als klitzekleine Feilspäne. Wie argumentiert wird, belegt z.B. der folgende Text:

> *Bausteine des Stoffes*: „Stellen wir uns einen ganz dünnen Eisendraht von 10 Millimeter Länge vor. Denken wir uns weiter, wir würden mit einer kleinen Zange den Draht in der Mitte zerschneiden, die eine Hälfte wegwerfen, die andere wieder zerschneiden und so fort. Oft vermögen wir die zurückbehaltene Hälfte nicht zu zerschneiden, denn sie wird bald so klein werden, daß sie mit dem bloßen Auge nicht

---

56) Was von Bruner eher als Hypothese gemeint war, wird dabei meist für eine bewiesene Wahrheit angesehen, ganz abgesehen davon, daß Bruner in einem anderen Buch [11] das Prinzip des entdeckenden Lernens propagiert und daß die besagte These aus dem Zusammenhang gerissen ist. Andererseits hat Kay Spreckelsen in [90] eine neue (linguistische) Begründung für Bruners Hypothese gegeben.

57) Hier ist zunächst nur die Atomvorstellung des 19. Jahrhunderts angesprochen, die von den Physikwissenschaftlern heute nirgends mehr vertreten wird. Die in der heutigen Physik nach wie vor beschrittenen materialistischen und atomisierenden Denkwege sind im Kapitel 8 ausführlicher angesprochen.

mehr zu sehen ist. Nehmen wir aber an, es stünde uns ein Wundermikroskop und ein Schneidegerät zur Verfügung, die ein unendlich feines Zerteilen ermöglichten, so wäre nach 24maligem Teilen einer weiteren Trennung doch eine unüberwindliche Grenze gesetzt. Die Länge des zurückbleibenden Teilchens würde nämlich nur noch den 30millionsten Teil der ursprünglichen Drahtlänge betragen und hätte damit die Größe des winzigsten Teilchens erreicht, wäre zu einem einzigen Atom geworden. Gelänge es, dieses winzige Eisenatom auch noch zu zersprengen, was dem Chemiker nicht möglich ist, so wären die daraus gewonnenen Teilchen kein Eisen mehr. Durch die Zertrümmerung des Atoms ergäben sich sogenannte Elementarteilchen, die wesentlich kleiner als das Atom sind." ([103] S.76/77)

Derartiges führt zu einer Vorstellung, die wir die *materialistische* Atomvorstellung nennen möchten. Atome werden in ihr — fälschlich — für kleine Materieportiönchen gehalten, die alle bekannten Eigenschaften der uns zugänglichen Materie besitzen. Sie müssen — ebenso unberechtigt — für alle möglichen Phänomene herhalten, zum Beispiel für die „Erklärung" der Wärme:

„*Die Begriffe Temperatur und Wärmeaustausch in der Teilchenvorstellung*: Versuche des Botanikers Brown (1827) legten die Vorstellung nahe, daß die *Materieteilchen* im Rahmen ihrer durch den Aggregatzustand gegebenen Bewegungsfreiheit *in ständiger heftiger und unregelmäßiger Zitterbewegung sind.* Rechnungen, die auf der Grundlage dieser Vorstellung durchgeführt wurden, haben ergeben, daß die Teilchengeschwindigkeit mit der Temperatur zunimmt.
Die Temperatur eines Körpers ist der fühlbare und meßbare Ausdruck für den Grad der Bewegung seiner Teilchen.
Unser Tastsinn spricht unmittelbar auf die Teilchenbewegung des berührten Körpers an und das *Thermometer mißt mittelbar einen Mittelwert der Teilchengeschwindigkeit.* Heizen oder Wärmezufuhr erfolgt durch Berührung eines Körpers A (Heizplatte) mit hoher Teilchenbewegung und eines Körpers B (Kochtopf) mit niedriger Teilchenbewegung." ([48] S. W32/33)

Die Wärmeempfindung ist also nichts anderes als etwas Eingebildetes und täuscht uns über die Wirklichkeit: Teilchengeschwindigkeit ist die Wirklichkeit, Temperatur gibt es gar nicht. Was sich an unserer Haut abspielt, wenn wir kalt und warm fühlen ist *nur Mechanisches* — ein mehr oder weniger heftiges Aufprallen kleinster Kügelchen.

Elektrischer Strom, Kohäsion, Schmelzen und Verdampfen und noch manches mehr wird auf diese Weise gelehrt erklärt.[58] Wer mit den modernen Vorstellungen der Physik vertraut ist, weiß, daß dabei objektiv *Falsches* gelehrt wird. „Gedankengespenster" nennt Georg Unger [105] diese Atomvorstellung, die aus dem 19. Jahrhundert stammt.

Den zweiten Zugang, der zunehmend in der Schule Eingang findet, möchten wir die *modellistische* Atomvorstellung nennen. Ihr liegt meist eine erkenntnistheoretische Position zugrunde, die *alle* naturwissenschaftliche Erkenntnis für *prinzipiell* hypothetisch hält. Entweder werden die Atome in einer Tradition, die auf Wilhelm Ostwald zurückführt, in krud positivistischer Weise als etwas hingestellt, wovon man gar nicht weiß, ob ihnen Realität zukommt — und was eigentlich auch nicht interessiert:

> „In der Tat", sagt Wilhelm Ostwald, „läßt sich die *Gesamtheit der chemischen Erfahrungen* mit der Atomhypothese in Einklang bringen und in ihrem Bilde darstellen. ... Doch sei hier ein für allemal darauf hingewiesen, daß die Atomhypothese nur ein Bild ist, das mit den uns bekannten Verhalten der Stoffe in bester Übereinstimmung sich darstellen läßt. Welches die 'wirkliche' Beschaffenheit der Materie ist, bleibt uns ebenso unbekannt, wie — gleichgültig." ([69] S.5/6)

Oder aber den Atomen wird zwar prinzipiell eine Realität zuerkannt, doch wird zugleich und zentral die Vermittlung angezielt, daß alles Wissen eigentlich nur auf schwankendem und vom Zerfall bedrohtem Boden basiert:

> „Das wirkliche Aussehen von Atomen und Atomverbänden ist uns nicht bekannt. Aufgrund von experimentellen Ergebnissen versuchen wir, Modelle zu entwickeln, die eine Reihe von Erscheinungen erklären. Alle Erscheinungen können jedoch nicht befriedigt erklärt werden, da unsere Modelle ja nur Ersatz für die unbekannte Wirklichkeit sind." ([83] S.38)

Mit diesem Wissen gehen die Schüler Jahre später von der Schule: Atome oder Moleküle sind die kleinsten Teilchen eines Stoffes;

---

58) Vgl. zum Beispiel [13], [16] oder [17]

Teilchen, die noch alle Eigenschaften des Stoffs besitzen. Diese Ansicht ist ja enorm weit verbreitet und nicht allein auf Schulabgänger beschränkt. Dies ist auch das Wissen vieler Eltern. Mit diesem Wissen möchten manche Schulabgänger Lehrer werden. Wenn man ihnen als Lehrerstudenten von Mackensens Aufsatz [53] zu lesen gibt, dann stolpern sie über einen Satz wie diesen:

> "Da die Notwendigkeit und damit die Tragweite der [atomaren] Begriffsbildung für die Schüler (und mitunter auch für den Lehrer) undurchschaubar sind (im Sinne der theoretischen Physik und einer Erkenntnistheorie), läuft diese Einführung via Mitteilung auf eine Indoktrination hinaus". ([53] S. 147)

Sie meinen dann durchweg, man wolle *sie* indoktrinieren, denn alles, was sie gelernt haben, ist doch so stimmig. Und ohne Grund will wohl niemand über Bord werfen, was ihm Wissensfundament und Orientierung zur Welterkenntnis geworden ist.

Es hat sich ein festes, stabiles Bild von der submikroskopischen Welt gebildet, das nur schwer zu erschüttern ist, zu erschüttern eigentlich nur durch *Phänomene*, durch das selbst *erlebte* Verhalten der Materie.[59]

6.1.5 Auswirkungen im Schulunterricht

Im wesentlichen wird in der Schule in folgender Weise vorgegangen: In einem Alter, in dem die Schüler noch in keiner Weise die physikalischen und begrifflichen Grundlagen der Atomtheorie beurteilen können, werden ihnen formale und ins Dinglich-Handfeste transformierte Modelle zur Atomistik vorgesetzt. Der Zeitpunkt variiert heute — weltweit — vom 5. bis etwa 9. Schuljahr.

Da Notwendigkeit, Tragweite und Zustandekommen der Atombegriffe für den Schüler undurchschaubar sind, läuft die Setzung dieser Begriffe (selbst wenn durch Hinweis auf den Modellcharakter ihre

----

59) solche Phänomene sind in [13], [16], u.a. zusammengestellt. Vgl. auch [12].

Ungesichertheit betont wird)[60] tatsächlich auf eine *Indoktrination* hinaus. Sie wird nur dadurch überspielt, daß das Teilchenkonzept sogleich auf konkrete Beispiele (etwa die Aggregatzustände) erfolgreich und quasi empirisch angewendet wird. Es wird zudem durch Üben eingelernt; die Schüler interessieren sich häufig sehr dafür und haben an den Übungsaufgaben Spaß. Die Schüler empfinden es als instruktiv und ermächtigend, diese dominierenden Denk- und Verhaltensweisen der Erwachsenenwelt in den Griff zu bekommen. Selbständig bewerten können sie das alles nicht.

Ähnlich der in Abschnitt 6.1.2 erwähnten akademischen Rückversicherung der Hochschullehrbücher bleibt es eine unwirksame Ausrede (eine Renomierverunsicherung), wenn der Schulunterricht in viel späteren Jahren die allmählich zum Urteil und zur Relativierung fähigen Schüler zu der Einsicht führt, daß das, was ihnen längst tief eingewöhnte Denkform geworden ist, keine endgültige und auch nicht die einzige Abbildung der „Wirklichkeit" ist: daß Modelle immer neu abgewandelt und verfeinert werden müssen. Denn dann entsteht beim Schüler lediglich die Meinung, daß es den Modellen nur hie und da noch an Zusätzen fehle, daß sie anfangs eben nur zum leichteren Lernen etwas vereinfacht wurden. Die Modelle gelten dem Schüler aber weiterhin als gesichertes, modernes wissenschaftliches Ergebnis. Es behauptet sich dann, aller Relativierungen zum Trotz, die Meinung, daß das oben geschilderte atomistische Weltmodell auf jeden Fall (wenigstens in groben Zügen) das *Wesen* der Materie und damit *das Wesen des Seins* immer besser zu erfassen und zu gestalten erlaubt: daß es das ist, „was die Welt im Innersten zusammenhält" (Goethe)[61]. Der hervorragende Wert dinglicher Modelle für die Forscher und Techniker und auch im Hochschulunterricht, kurz: für Menschen, denen die Relativierung der Quantenmechanik prinzipiell zugänglich ist, bleibt unbestritten.

----

60) etwa in Hahn/Töpfer/Bruhn [34] Seite 51ff

61) Es sei noch einmal betont, daß es sich bei diesem Tenor um eine naive und ständige wissenschaftliche Grundeinstellung (auch des sogenannten Gebildeten) handelt, nicht um Überlegungen, die in einer Stunde strenger philosophischer Besinnung zustande kämen. Das bisherige System wirkt einer solchen Besinnung gerade entgegen.

6.2 Einige naturphilosophische Hintergründe des Atomismus

Es geht hier nicht um die wissenschaftliche Bedeutung von Theorien der Physik, sondern um ihre pädagogisch unsachgemäße und auch unwissenschaftliche Verwendung. Man kann sich allerdings jetzt fragen, wie es zu diesen Einseitigkeiten und Verrückungen im populären Naturverständnis und in der Schuldidaktik in den vergangenen etwa 100 Jahren kommen konnte, wo doch die Entwicklung der Naturwissenschaften immer umfassendere und allgemeinere Erkenntnisse, kurz gesagt: Klarheit und nicht Nebel hervorgebracht hat. Dies liegt nun zunächst in bestimmten Denkneigungen gerade der *anfänglichen* Atomtheorie begründet, wie am Beispiel gezeigt werden soll:

6.2.1 Das einfachste Teilchenkonzept

Beginnen wir mit Henry Daltons Atomhypothese, dem häufig gelehrten Daltonschen Atommodell (Kugelmodell) des ersten Chemieunterrichts. Das eigentliche Naturphänomen besteht in den konstanten und multiplen Proportionen. Aus der Vorstellung einer kontinuierlichen Materie, die Masse, das heißt Gravitation und Trägheit sowie Raumausdehnung besitzt, schien es damals unbefriedigend, die Proportionsgesetze erklären zu sollen. Dachte man sich jedoch die Materie diskontinuierlich, das heißt: die Materie aus kleinen, jeweils gleichartigen Teilchen (Kügelchen) bestehend, so waren die fraglichen Gesetze als Summation von Teilchenanlagerungen trivial vorstellbar: Je ein Atom des Stoffs A verbindet sich zum Beispiel stets mit je zweien des Stoffs B; in einer anderen Verbindung mit nur einem und so weiter.

Was Schlöpke [83] die "ausbleibende Selbstähnlichkeit von System- und Systemelement" nennt: das Fehlen geläufiger Eigenschaften, etwa Farbe oder Schmelzpunkt im atomaren Bereich — ein Verstehenshindernis ersten Ranges — wurde dabei ebenso übersehen, wie die Tatsache, daß damit das Problem lediglich in die Teilchen abgeschoben war: Wie kommen diese überhaupt dazu, sich zu assoziieren und außerdem in 10^{24}-facher Wiederholung (oder noch öfter) für immer diese kleinen ganzen Zahlenverhältnisse einzuhalten?[62] Man glaubte nun, diese neuen Fragen zum Beispiel mit Hilfe der genauen Struktur der Elektronenhülle lösen zu können. Man erklärte das Atom aus noch kleineren Teilchen. Die Wellenmechanik hat dann gezeigt, daß die materiellen Teilchen, wenn sie sich bewegen, Welleneigenschaften besitzen: Materie erscheint als Welle. Auf der anderen Seite lassen sich elektromagnetische Wellen (und damit fast alle Strahlungen) in bestimmten Situationen nur als prinzipiell unsichtbare Korpuskeln beschreiben. Die kleinen und immer noch kleineren Elementarteilchen entziehen sich immer mehr jeder eindeutigen Begegnung.

Dieses Abschieben aller Begründungszusammenhänge in das prinzipiell (sinnlich) Unwahrnehmbare ist für den Atomismus notwendig und charakteristisch. Das Unwahrnehmbare gibt einen rationalen Aufriß aller Kenntnisse und damit eine erdrückende Systemübermacht. Zugleich inthronisiert es allmählich eine mechanistische, bloß vorgestellte, nicht direkt wahrnehmbare und damit nicht selbst beurteilbare Wesensbestimmung der Natur, die zu den geschilderten Verständnisdefiziten führt. Denn ein derartiger Umgang mit allgegenwärtigen Ursachen, die nur Interpretation, nie aber Erlebnis sind, verbindet nicht mit den Qualitäten der umgebenden Welt. Das großartige Erkenntnissystem bleibt ungesättigt, erlebnismäßig hohl und verführt durch diese Unsicherheit zu überzogener Ausdeutung: zum Beispiel als atomistische Hintergrundwelt, die auf ihre Art alle Probleme „erklärt" — nur sich selbst nicht.

Nicht etwa aus erkenntnistheoretischen Bedenken, wie sie im Vorstehenden anklingen, sondern von ganz anderer Seite wurde das Vorstellungsgebäude der eindeutig vorhanden gedachten, aber unsichtbaren Atomwelt für immer umgeworfen: durch die weitere Entwicklung der Physik selbst im ersten Drittel dieses Jahrhunderts, durch Planck, Einstein, Bohr, Schrödinger, Heisenberg. Die nun erreichte Stufe der Quantentheorie ist aber — im Gegensatz zur heute noch fortlebenden klassischen — niemals allgemeines Kulturbewußtsein geworden.

---

62) Unter vielen anderen beschreibt W. Heisenberg dieses Problem in „Das Naturbild der heutigen Physik", [36].

6.2.2 Die Frage der Ontologie

Aus dem Vorstehenden wird deutlich, daß auch die moderne Physik das „Wesen der Materie" nicht ergründet — das ist auch die Überzeugung führender Physiker. Sie kann sich dies auch niemals zur Aufgabe setzen: „Wesen" ist keine physikalische Kategorie.

Wenn die Physik (die exakte Naturwissenschaft) uns also ehrlicherweise nicht über das Wesen der Erscheinungswelt aufklären kann, so hat sie in dieser Richtung doch einen großen Einfluß ausgeübt: Sie hat das Wesen *abgeschafft*! Weil die Physik die Frage nach dem Wesen nicht in sich selbst enthält, entsteht durch ihre Autorität (die technischen Erfolge!) bei Wissenschaftlern, Fachdidaktikern und Lehrern der Naturwissenschaften die Meinung, daß eine solche Frage überhaupt nicht an die Sache gestellt werden darf — daß sie für immer fachfremde Spekulation bleiben muß. Diese Meinung beruht auf dem folgenden erkenntnistheoretischen Dilemma:

Die reduzierten Frageweisen der exakten Naturwissenschaft sind in Wahrheit Ausfluß *menschlicher* (philosophischer) Entschlüsse. Sie werden jedoch gemeinhin als allein möglicher *Sachausfluß* hingestellt — als die einzige „sachgemäße" Art, Erfahrung denkend zu durchdringen. Man meint wissenschaftlich „bewiesen" zu haben, die Natur sei nun einmal so beschaffen, daß man allein gerade so vorgehen müsse. Bei dieser fragwürdigen Anschauung werden alle Möglichkeiten der Erfahrung und Begegnung mit Wirklichkeit von vornherein auf die *physikalischen* Kategorien reduziert. Letztere werden allein als objektive Sachwelt (als eine Welt aus Meßwerten) in die Wirklichkeit hinausversetzt. Es wird behauptet, die *objektive* Welt existiere nur so. — Und es lebt dann "weiter unten" im Gemüt (erkenntnistheoretisch inkonsequent, aber psychologisch umso verständlicher) die Überzeugung, die Physik mit ihren Modellen liefere letztlich doch das Wesentliche, indem sie allein sagen könne, was eben an sich und ohne uns vorliegt (vgl. etwa [114]). So mancher erklärte Positivist mag auf diese Art nach Wesentlichem und Wesensersatz suchen.

Ein treffendes Beispiel — wieder aus dem didaktischen Bereich — bietet das Schulbuch „Physik und Chemie 5/6" [86]. Bei der Einführung der Magnetisierung in der 5. Klasse werden die umklappenden Elementarmagnete herangezogen: zuerst ganz vorsichtig als „ein Bild, ein

Modell" (S.14), zwei Seiten weiter aber bereits als das „Wesen des Magnetismus"! Die Modelle der Physik werden heute wie früher eben populär als Wesenserkenntnis verkauft. Wenn wir bewußte Irreführung ausschließen, so liegt es wohl nahe anzunehmen, daß auch die Physiker und Fachdidaktiker die Modelle so *erleben*. Früher wurde das auch deutlich gesagt.[63]

Durch den positivistischen Ansatz der modernen Naturwissenschaft ist die Frage nach dem Wesen nicht nur (wie oben geschildert) abgeschafft worden. Sie wurde noch in anderer Richtung außerordentlich belastet: Indem nämlich die Physiker doch noch — trotz Wesensleugnung — eine Art Wesensersatz in den Materiestrukturen erlebten, mußten sie jede andere Frageweise als Ärgernis empfinden. So mußten sie den Standpunkt verfechten, daß jedes Bemühen, allmählich und übend in den *offenbaren* Erscheinungen Wesentliches zu verfolgen, zumindest eitel sei. Ein Denken über Wahrnehmungen, das sich sogar zu Aussagen außerhalb der Kategorien physikalischer Meßvorschriften formt, wird dann — aus der geschilderten Notlage heraus — von vornherein und unbesehen abgelehnt. Denn das „Entscheidende an den Vorgängen" ist ja bereits erfaßt! Damit wird eine allgemeine Bewußseinsreduktion diktiert.

Es ist nun weder hier noch im Unterricht erforderlich, Wesen allgemein zu umschreiben und etwas über seine mögliche oder unmögliche Erkenntnis zu entscheiden. Es genügt zu sagen: Wesentliches, Charakteristisches und grundlegende Ideen treten in der Wirklichkeit nicht als solche für den ersten Blick zutage, sie markieren sich niemals selbst an der Einzeltatsache. Sie können sich nur im umkreisenden Durchdenken vieler Erscheinungen herauskristallisieren — als eine der Formen, das eine durch das andere zu begreifen. Schon der — stets ideele — erste Schritt auf so etwas hin geschieht ja aus einer *Zusammenschau*, aus dem gegeneinander Abwägen verschiedenster Erscheinungen[64]. Wir können also die alleranfänglichste Suche nach Wesentlichem umformulieren in: denkende Verarbeitung möglichst vieler Seiten der Wirklichkeit.

----

63) etwa bei G. Mie [57]

64) Wie man eine solche Zusammenschau bis in die chemische Begriffsbildung hineinbringen kann, ist in [15], [43], [44] und [60] beschrieben.

Wenn man die Wirklichkeit in dieser Weise mit den verschiedensten Aspekten und Methoden umschreitet, gewinnt man natürlich niemals etwas, das sich sogleich als Wesen der Sache ausweist. Aber man baut eine Plattform auf, von der der junge Mensch zunächst nach allen Seiten mit der Frage nach Wesentlichem in die Welt hinausschauen kann, ohne daß ihm die Schwungfedern des Fragens sogleich vom Positivismus abgeschnitten werden.

6.2.3 Konsequenzen für den Schulunterricht

Die Schuldidaktik sollte wenigstens in den Anfangsjahren des Fachunterrichts der oben geschilderten Reduktion der Wirklichkeit (des Denkens) nicht folgen. Sie sollte weder das geschilderte (pseudo-) positivistische Ersatzwesen feiern (was in den Schulen sehr beliebt ist), noch die totale positivistische Resignation auf sich nehmen.

Man kann in der Schule einfach fragen: Wie hängen die Phänomene zusammen? Gefragt werden sollte einzig und ganz offen nach Zusammenhängen zwischen wirklich wahrnehmbaren Erscheinungen, die im ursprünglichen Denken erfaßbar sind. Das war der Ausgangspunkt der Naturwissenschaft. In der Schule an solchen Ausgangsfragen zu arbeiten, heißt nicht, den Schulstoff noch wissenschaftshistorisch zu befrachten, sondern an das damalige, noch nicht positivistische Suchen anknüpfen. Die damaligen Begriffe und Entdeckungen wurden noch als Wesensaussagen über den Kosmos und die Stellung Gottes zur Welt — und damit die des Menschen — erlebt und diskutiert. Geht man vom unmittelbaren, erstaunlichen Gewahrwerden der Naturphänomene auch zu derartigen (heute unbeantwortbaren) Fragen über, so läßt sich Verantwortung und Anteilnahme anstelle der vom reinen Fachwissen her drohenden ontologischen Verkürzung wecken. Dies ist seit langen von Martin *Wagenschein* unterrichtspraktisch durchgeführt und an einer Fülle von Beispielen als Genetisches Lehren begründet worden[65].

----

65) zuletzt in einer gut lesbaren, von H. Chr. Berg herausgegebenen Anthologie „Naturphänomene sehen und verstehen — Genetische Lehrgänge" [111].

Bei den begrifflichen Resultaten der *späteren* Fortentwicklung der Wissenschaften — die *auch* in den Unterricht hineingehören — ist im pädagogischen Zusammenhang stets neu zu prüfen, welche Begriffsbildungen Hypothesen und Modellannahmen sind und welche dagegen unmittelbar die hier gemeinte Betrachtung des Naturganzen und die Suche nach phänomenalem Verständnis fördern können. Nur letztere können an den Anfang eines Unterrichts gestellt werden, wenn dieser von gesicherter phänomenologischer Basis aus später auch das prinzipiell Unwahrnehmbare wie die Atome und Moleküle angehen will.

An den modernen Atom-Theorien (nicht den primitiven Daltonschen!) ist hervorzuheben, daß sie in der Wahrnehmbarkeit und in der Anschaulichkeit (Vorstellbarkeit) Einbußen gebracht haben — was ja nichts gegen die Richtigkeit innerhalb ihres Systems sagt.

Sucht man also die eingangs geschilderten weltanschaulichen (materialistischen) Fehlhaltungen zu vermeiden, so genügt es vermutlich nicht, bloß die Modellbetrachtungen wegzulassen; sie sind ein in dieser Beziehung schädlicher Ausläufer des Systems. Vielmehr wird man sich ganz andere Unterrichtsziele setzen und den Kampf mit vorherrschenden, dem Schüler schon „bekannten", hier aber verfrühten naturwissenschaftlichen Denkformen führen müssen — nicht zuletzt auch in der laufenden eigenen Unterrichtsvorbereitung einer solchen propädeutischen Unterrichtsphase.

6.3 Pro und Contra Modelle im Schulunterricht

Die Kluft zwischen der naiven Erfahrung und der mathematischen Formulierung der Quantentheorie, die erst die wissenschaftliche Denkbarkeit sichert, wird bekanntermaßen im Unterricht mit den sogenannten Modellen überbrückt, das heißt mit anschaulichen, gut vorstellbaren Vereinfachungen. Über die bislang dargelegten erkenntniskritischen Bedenken hinaus wollen wir erneut die *Modelle,* diese zentrale Begriffsbildung der zeitgenössischen Didaktik, in ihrem schulischen Kontext von der praktischen Seite her untersuchen.

6.3.1 Pädagogische Wirkungen des Modelldenkens

Als zentrale Frage zum Denken in bildhaften Modellen stellt sich uns: Welche geistigen Kräfte im Auffassen der sinnenfälligen Welt werden dadurch im Schüler herangebildet?

Mit einem Modell bezweckt man immer — wie mit jeder Art von Erklärung — Unbekanntes auf Bekanntes zurückzuführen. Beim Modelldenken wird dieses Bekannte sehr einseitig gewählt. Denn es handelt sich anfangs meist um die Vorstellung primitiver Dinge (Kügelchen), die mechanisch oder allenfalls elektrostatisch agieren. Die realen makroskopischen Phänomenbereiche dieser Vorstellungen (zum Beispiel die der Mechanik) liegen weit ab von den Erscheinungen, die damit erklärt werden sollen. So liegt zum Beispiel die Mechanik starrer Körper für den ursprünglichen (phänomenologischen) Eindruck weit ab von chemischen Reaktionen: hier Undurchdringlichkeit im Raum und Bestehenbleiben, dort innere Durchdringung, Verschwinden und Neu-Entstehen der Stoffe. Die zwischen beiden (zum Beispiel durch die Stoßgesetze für Reaktionen von Gasmolekülen) hergestellte Kausalverbindung gilt üblicherweise keineswegs als Problem, sondern als Triumph.

Ein anderes Beispiel: Man stellt sich die stationäre Bahn des Elektrons als Ergebnis eines Gleichgewichts zwischen elektrischer Anziehung und Zentrifugalkraft vor. Ein ähnliches Gleichgewicht ist von den Planetenbahnen bekannt. Die Bahn des Elektrons ist also ein Modell, eine dingliche Vorstellung, gebildet nach dem Muster makroskopischer Verhältnisse. Man glaubt, Makroskopisches in atomare Größenordnungen hineinverlegen zu dürfen. Aber eine solche Projektion führt bei weiterer Konkretisierung bekanntlich zu Widersprüchen. Deshalb sagen die Fachdidaktiker zumeist: Ein Modell hat nur so viel Wert, wie Klarheit über die Grenzen seiner Gültigkeit besteht. Das heißt nichts anderes, als daß man beim Griff nach dem Modell darauf verzichtet, in die ganze Wirklichkeit einzudringen und Begriffe zu bilden, die sich auf das wahrnehmbare Ganze anwenden lassen. Vielmehr bleibt man mit dem Modell an dem gerade zur Interpretation ausgewählten Ausschnitt stehen. Das Modell wird gebildet, weil man die Sache als ganze in ihrem eigenen Erscheinungsbereich mit dem Denken nicht bewältigt und deshalb in andere klarere, das heißt mechanistischere Erscheinungsbereiche verpflanzt.

Hiermit hängt vermutlich auch zusammen, warum man in der Regel – trotz Beteuerung, daß alle Modelle ihre Grenzen haben – nicht sagt, wo die Grenzen des Modells überschritten werden, also gerade das *nicht* Abgebildete nicht thematisiert. Wagenschein ist der einzige, der hierauf – vergebens – immer wieder hingewiesen hat (zuletzt in [113]). Aus entgegengesetzter Sicht läge hier gerade ein Argument *für* Modelle (für ihre Ökonomie), aus unserer Sicht eine Aufforderung zu anderem Vorgehen.

Das Modelldenken stärkt also nicht diejenigen geistigen Kräfte des jungen Menschen, mit denen er sich aktiv in die vollständige sinnenfällige Welt einleben will, um sie in selbstgeformten Begriffen zu ergründen und durchzuarbeiten – also alles dasjenige, was dem späteren Laien Zutrauen zur Wissenschaft geben könnte. Es verstärkt stattdessen die Abhängigkeit von wechselnden Spezialfragen und schult ein formales Vorstellungsvermögen und die deduktive Betrachtung von Einzelerscheinungen. Das Modelldenken ist für den heutigen Menschen so verführerisch, weil es die seelische Betätigung auf den kognitiven (intellektuellen) Bereich beschränkt, der zur äußeren Beherrschung der Natur führt, und der nicht nötig hat, Sinneswirklichkeiten qualitativ tiefer zu durchdringen. Der Mensch tritt den Sinneswirklichkeiten nur konstatierend (Wahrnehmung als Signal) und hinterlegend (Hineindenken des Modells) gegenüber. Das entspricht einer ohnehin vorhandenen Vorliebe des heutigen Menschen und erlangt dadurch Beliebtheit. Etwas zugespitzt: Im *Schulunterricht* führen Modelle meist von der ursprünglichen und selbsterfinderischen Wahrnehmungs- und Denkaktivität, vom eigenen und mühsamen Weg zum aufgehellten Erleben weg, sie sind Rolltreppen zur Höhe der (unverstandenen) Abstraktion.

6.3.2 Verschüttung eines angemessenen quantenmechanischen Verständnisses

Eine zweite Frage lautet: Wieweit hinterläßt das Modelldenken am Ende der Schulzeit ein Verständnis für die wahren Verhältnisse auf dem Gebiet der Atomtheorie? Modelle projizieren im Anfangsunterricht der Sinnenwelt entlehnte, das heißt klassisch-physikalische Kategorien in die atomaren Strukturen hinein. Das führt, wie oben dargelegt, an der eigentlichen Natur quantenhafter Erscheinungen und damit an der Atomistik überhaupt vorbei – und nach einigen Schritten immer zu Widersprüchen. Modelle möchten etwas verkürzen, was prinzipiell ohne

Abstriche am Wesentlichen nicht verkürzt werden kann. Das wichtigste der Wellenmechanik und Relativitätstheorie ist doch, daß sie den naiven (ontologischen) Materialismus aufheben. Die verfrühten Modelle hingegen befestigen ihn. Folgt man der derzeitigen Früheinführung der Modellvorstellungen, so behalten die Schüler weitgehend einen halbverstandenen, *antiken* Atombegriff! Die modernen Entdeckungen scheinen ihnen bloß Komplikation statt Umsturz zu sein. Auf diese Weise entsteht durch das Modelldenken ein „naturwissenschaftliches" Weltbild, wie wir es im Abschnitt 6.1.4 in seiner ganzen Jämmerlichkeit schildern mußten.

Ein sachoptimales Verständnis der wahren Verhältnisse auf dem Gebiet der Atomtheorie wird also vorerst nicht erreicht und meist sogar vereitelt. Denn einer späteren Einsicht werden Denkgewohnheiten und kognitive Trümmer — mehr bleibt nicht übrig — in den Weg gelegt. Dies alles muß später entrümpelt werden.

6.3.3 Sind Modelle als leistungssteigernde Lernhilfen zu verantworten?

Man könnte die Modelle trotz all dieser Mängel lernökonomisch für so vorteilhaft halten, daß man sie dennoch im Schulunterricht benutzen will. Die geschilderten Einwände pflegt man dadurch zu mildern, daß man (wie Fachdidaktiker und Lehrbücher dies häufig tun) von Anfang an bei jedem Modell seine Grenzen betont. Mehr glaubt man, sei nicht nötig.

Ein Blick auf die jugendliche Denkentwicklung kann hier eines anderen belehren. Mag der Lehrer sich auch im Sinne der scholastischen Kategorien als Nominalist ausgeben — er wirkt gerade auf diesem Feld meist nicht so. Zumindest der jüngere Schüler bleibt Realist. Erklärungen wirklicher Erscheinungen nimmt er als wirklich! Er wird nicht verstehen, daß „Grenze" hier etwas viel Komplizierteres, nämlich Erkenntnistheoretisches bedeutet. Grenze der Gültigkeit besagt ja im allgemeinen, daß irgendwo tatsächliche Gültigkeit vorliegt. Der Gültigkeitsbereich gegenständlicher Modelle ist aber im realistischen Sinn gleich null. Das Modell „ist" (als Seinselement) nicht mehr als die zu erklärenden Phänomene ohne dasselbe. Wenn nun in Unterrichtsvorschlägen festgestellt wird, daß „ein Modell niemals falsch oder veraltet sein (kann)", weil es ohnehin willkürlich ist, und wenn zugleich gesagt wird, es fasse ja nur eine vorher verabredete Auswahl der empirischen Fakten zum Zwecke einfacherer Beziehungsstiftung zusammen, so wird die erst abgelehnte Ontologie ungewollt durch die Erklärungsfunktion doch wieder eingeführt.

Der starke Einfluß der Modelle auf die Ideenrichtung des jungen Menschen stammt aus dem scheinbaren Realismus dieser Vorstellungen. Dieser kommt nicht nur in dem jungen Menschen als *sein* Mißverständnis zustande (mangelnde Fähigkeit zum erkenntnistheoretischen Aspektwechsel), sondern liegt eben bereits in der ganzen Betrachtungsart, in der Erkenntnishaltung des Lehrers. Denn Modelle werden zwar bewußt als Verabredung, das heißt als nominalistische Begriffsbezüge eingeführt. Trotzdem wählt man sie aufgrund einer möglichen weiteren Ausformung in Richtung zur „wahren" Quantenmechanik aus.[66] Von diesem mißverstandenen Ziel fließt der Realismus ein, der aber bei genauem Eingehen auf die Natur der Quantentheorie nicht einlösbar ist.

Insgesamt ist diese Anleihe beim vermeintlichen (durch Quantenmechanik „erwiesenen") Realismus der (eigentlich nominalistischen) Modelle eine Ersatzontologie der Materie und das wirksame Mittel, um das bei dem Schüler vorhandene Bedürfnis zur Welterhellung anzulokken und in mechanistischer Ideologie zu fangen — ohne daß die meisten Lehrer sich dessen bewußt sind. Dabei entsteht nicht nur die skizzierte Ideologie, sondern zugleich der Glaube, sie sei wissenschaftlich „endgültig bewiesen". Wie jede Ideologie empfindet man sie als fortschrittlich befreiend, grundlegend wesenserhellend und unumstößlich für alle Zeiten.

Trotz alledem wird vielleicht mancher Schulpraktiker Modelle immer noch aus lernökonomischen Gründen befürworten; sind wir doch „zur Einführung eines brauchbaren Atommodells bereits auf der Mittelstufe (gezwungen), denn das ungeheuere, für den Laien unübersehbare Tatsachenmaterial muß nicht nur geordnet, sondern auch „verstanden", das heißt geistig bewältigt werden[67]. Ein verwandtes, häufig

----

66) zum Beispiel bei H. Eckhard [26] Seite 8ff.

67) Derartiges hat zum Beispiel immer wieder Hans Rudolf Christen vertreten, vgl. [19] oder [21]. Kritik dazu in [113].

erhobenes Argument lautet: Modellbetrachtungen seien heute die fundamentalste und einzig verbindende Arbeits- und Denkweise der Chemie und Naturwissenschaft. Ein Unterricht, der daran vorbeiführt, befinde sich geistig auf einem anderen Planeten! – Die Entkräftung dieser Meinung kann nur dadurch gelingen, daß ein Chemieunterricht faktisch entwickelt wird, der zum Beispiel während der vier ersten Klassenstufen ohne Modelle auskommt. Nicht nur an Waldorfschulen wird in dieser Weise Chemieunterricht erteilt. Das am IPN in Kiel entwikkelte Curriculum „Stoffe und Stoffumbildungen" [116] sieht zum Beispiel die Thematisierung des Atombegriffs erst nach 2 1/2 Jahren Chemieunterricht vor, und das englische Nuffield-O-Level Chemiecurriculum [66] hat nach der Revision von 1975 die Einführung der Atome noch weiter nach hinten verschoben, so daß dort ebenfalls 2 1/2 Jahre ohne atomistische Vorstellungen gearbeitet wird – und das bei einem Chemieunterricht von zwei bis vier Wochenstunden. Auch der niederländische „niveau-erhöhende Chemieunterricht" von H. H. ten Voorde [106] verzichtet offensichtlich jahrelang auf Atomvorstellungen.

Der Blick durch das Prisma

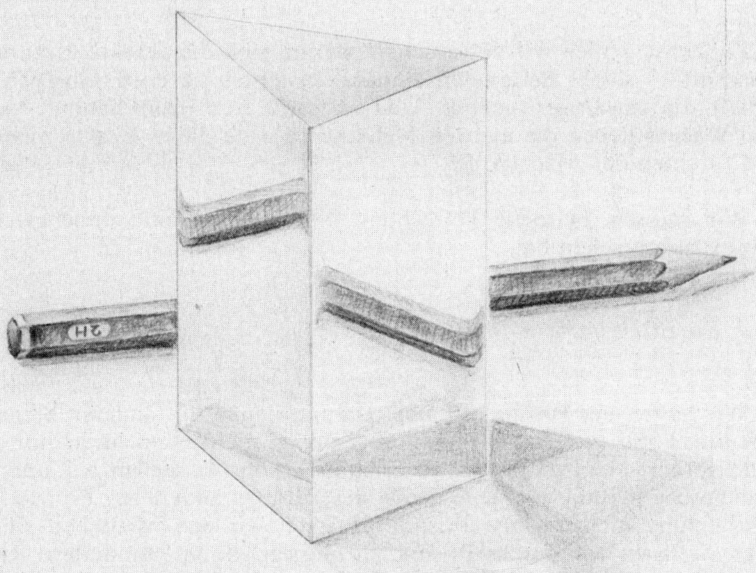

oder:

von den gesundenden und zerstörenden Kräften des Erkenntnislebens

7. Der Blick durch das Prisma

oder: von gesundenden und zerstörenden Kräften des Erkenntnislebens

7.1 „Exakte" Naturwissenschaft

Zunächst wollen wir untersuchen, warum sich die „exakte Naturwissenschaft"[68] soviel Befremden einhandelt, leistet sie doch Großes: Sie schafft die gewaltige Technik. Und sie stellt sich überschaubar, exakt dar. Warum lieben die meisten Menschen gerade dieses Exakte nicht — und fürchten das Machtvolle?

Wir müssen Beispiele betrachten. Nehmen wir ein einfaches, das jeder schon gesehen hat.

7.1.1 Die Erscheinung (noch nicht erklärt)

Wir halten ein Prisma vor uns. Dahinter steht ein anderer Mensch. Wir sehen ihn verschoben; nicht vergrößert, nicht verkleinert, nur zur Seite gerückt. Um die Sache zu zeichnen (Abb.14), stellen wir uns ein sehr großes Prisma vor. Die Größe des Prismas ändert am Prinzip der Erscheinung nichts. Ohne Prisma erblicken wir den Menschen weiter links. Schauen wir durchs Prisma, so müssen wir in eine andere Richtung blicken, um ihn im Prisma zu sehen; und zwar weiter nach rechts. Das hängt von der Stellung des Prismas ab: Ist seine Spitze (die „ziehende Kante") nach rechts gewendet, so verschiebt das Prisma nach

----

68) Im Abschnitt 8.1 (Fußnoten 75) und 76)) werden wir zwischen den Begiffen „präzis" und „exakt" unterscheiden. Im Sinne der dort gemachten Unterscheidung müßten wir von „präziser Naturwissenschaft" sprechen. Was im folgenden angesprochen wird, wird jedoch üblicherweise „exakte" Naturwissenschaft genannt.

rechts. Läge die ziehende Kante von uns aus gesehen auf der linken Seite, so würde das Prisma ein Stück der Ansicht nach links transportieren; ebenso unter Umständen nach oben oder unten.

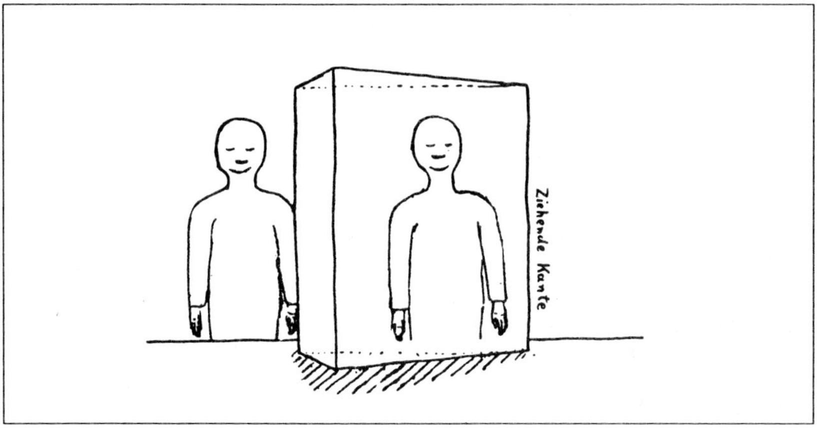

Abb. 14. Das Phänomen: die Verschiebung durch das Prisma

Wir sehen zunächst von kleinen Verzerrungen sowie von farbigen Rändern ab; wir untersuchen den Fall eines relativ flachen Prismas; es hat einen recht kleinen Winkel an der ziehenden Kante. – Wie erklärt sich nun die Erscheinung? Die Frage soll nacheinander auf zwei sehr verschiedenen Wegen beantwortet werden, einmal kausalanalytisch (a), einmal phänomenologisch (b).

7.1.2 Kausalanalytische Erklärung

Unausgesprochenes Dogma der „exakten Naturwissenschaft" seit Descartes ist dieses: Alle Vorgänge der Welt beruhen auf räumlichen Bewegungen. Was sich mit Materie und Energie in Raum und Zeit abspielt, ist die eigentliche Ursache der wandelbaren Welterscheinungen. Materie und Energie kann man messen. Dadurch kommt man in das klare Gebiet der Zahlen. – Wie erklärt man darin das Prisma?

Zuerst macht man eine Hypothese über das Sehen im allgemeinen. Man stellt sich vor, daß vom Gesehenen etwas zum Auge hinwandert. Es sei Energie, Strahlung. Jeder auch nur ein wenig helle Körper sendet demnach Strahlung aus. Er bekommt diese von irgendeiner Beleuchtung zugestrahlt und gibt sie allseitig wieder ab. Eine Lampe erzeugt eine solche Strahlung aus sich und gibt sie sehr konzentriert ab — man spürt zum Beispiel Erwärmung der Haut. Das Auge sammele nun solche Strahlung von Gegenständen zu Netzhautbildern: das sei die Ursache unseres Sehens. — Um gegenüber dieser Kausalkette frei zu bleiben, muß man sich klar machen, daß die ganzen vorgestellten Bewegungen unsichtbar sind, nicht im Sehen wahrgenommen, aber doch wie Wahrnehmungsdinge vorgestellt werden. Darin liegt Hypothetisches.

Am Prisma stellt man sich vor, daß die Strahlen gebrochen werden: Jeder „Lichtstrahl" knickt an den beiden Glasflächen des Prismas ab. Er kommt dann aus einer anderen Richtung zum Auge, in der der Gegenstand (hier: die Kerze — Abb. 15) gar nicht liegt. In der verlängerten Linie dieses zum Auge kommenden Strahles lokalisieren wir naiv den Gegenstand, weil wir die Knickungen (Brechung) — im Bild dieser Hypothese — nicht sehen.

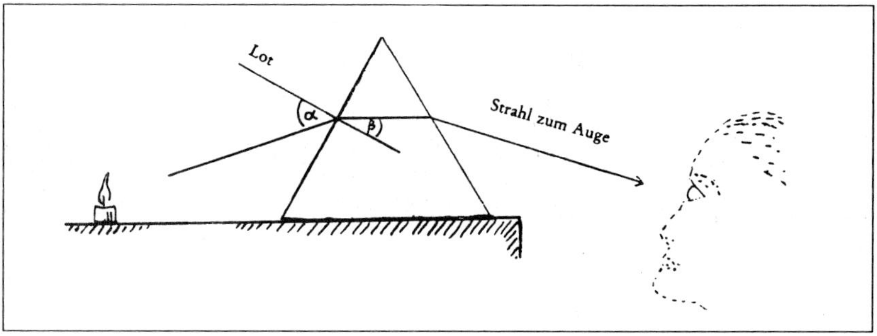

Abb. 15 Der vorgestellte Strahlenweg

Die Brechung an den Glasflächen gehorcht dem bekannten Sinusgesetz nach Snellius (1620). Es besagt, daß die Brechung im dichteren Medium (dem Glas) zum Lot hin geschieht. Man sieht zum Beispiel an der linken Seite des Prismas das eingezeichnete Lot. Der Winkel β ist kleiner als α, der Strahl ist auf das Lot geknickt.

Wir haben nun nach diesem Erklärungsansatz Vorgänge in Raum, Zeit und Materie entwickelt. Ihr Zusammenwirken kann als Ursache (causa) der Erscheinung vorgestellt werden. Wir haben das Gesehene nicht als Gesamtbild verarbeitet, sondern analysiert: Wir stellen uns vor, wie einzelne Strahlen laufen und dadurch etwas verursachen — daher die Bezeichnung „kausal-analytisch".

Warum nennt man solche Erklärungen *„exakte"* Naturwissenschaft? „Exakt" (präzis) wird die Sache durch das Formulieren eines meßbaren Gesetzes, das in entsprechenden Apparaturen gefunden wird (genauer gesagt: jederzeit beliebig angenähert werden kann). „Abstrakt" ist die Betrachtung deshalb, weil die Vorstellung einzelner Strahlen, die ohne Beziehung zum Ganzen des Gesichtsfeldes nur nach einer Formel laufen (dem Brechungsgesetz), vom sichtbaren Eindruck wegführt; ihr Lauf wird ja nicht gesehen. Die Formel lautet bekanntlich:

$$\frac{\text{sinus}\,\alpha_1}{\text{sinus}\,\alpha_2} = n$$

α_1 = Winkel zum Lot im Medium 1

α_2 = Winkel zum Lot im Medium 2

n = Brechungsindex des Mediums 2 gegen den von Medium 1, hier: Materialkonstante des Glases.

Weder das Lot, noch die Strahlung treten auf. Wir kommen vom Seherlebnis weg und in die geometrische Vorstellung hinein. Darin liegt das „Exakte", die Präzision. Wir ziehen die Vorstellung der Strahlen gleichsam von dem gesehenen Panorama ab. Darin liegt das Abstrakte, Abgezogene.

7.1.3 Phänomenologische Erklärung

Erklären heißt ja immer: in Zusammenhänge stellen. Die kausalanalytische Betrachtung stellt in den Zusammenhang vorgestellter Raum-Zeit-Vorgänge der Materie-Energie. Solche treten aber im Bereich der erlebten, ganzheitlichen Erscheinungen, das sichtbare Bild erfüllend, gar nicht auf. Auf Raum-Zeit-Vorgänge wird nur durch Betrachtung geschlossen.

Unsere auf Goethe zurückgehende phänomenologische Erklärung sucht dagegen in den Abwandlungen der erlebten Erscheinungen selbst Bedingungen und Zusammenhänge. Sie will nicht ins immer *Kleinere* hineinbohren, etwa am Prisma von der Verschiebung des Gesehenen zum Weg eines einzelnen „Lichtstrahles" übergehen. Vielmehr weitet die goethische Methode die Erfahrung ins *Große* aus. So wollen wir hier dem Blick durchs Prisma den Blick ins Wasserbecken, überhaupt ins flüssige und feste Durchsichtige der Welt an die Seite stellen.

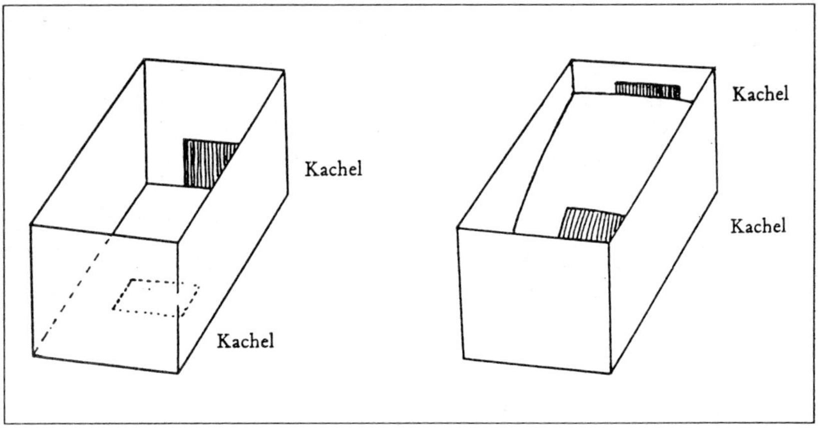

Abb. 16. Ansichten von Kacheln in einem leeren und einem vollständig gefüllten Aquarium

Jedermann kennt ja den Stab, der, schräg ins Wasser gehalten, „abknickt". Und man kennt die Hebung des Grundes, wobei es dort so aussieht, als sei das Gewässer flacher. Blickt man einmal schräg auf die Wasseroberfläche eines randvollen Beckens, ein andermal aus derselben Stellung in das leere Becken, so hat man zwei sehr verschiedene Ansichten (die Wände des Beckens seien undurchsichtig, etwa aus Blech): Die erste Kachel (an der Rückwand) wird im Wasser zusammengepreßt. Die ganze Rückwand ist gestaucht und gehoben. Die vordere, auf dem Boden liegende Kachel wird in den sichtbaren Bodenteil gezogen. Sie wird außerdem gedehnt. In Luft ist sie von der Vorderwand verdeckt. Es ist so, als erfaßte mein Blick die Dinge unter Wasser, glitte aber mit dem erfaßten Inhalt an der Oberfläche ab, so daß er ihn woanders sieht.

Man wird einwenden, das „Abgleiten" sei doch eine unstatthafte Anlehnung an die Mechanik. Zunächst: mehr als ein *Empfinden* für dieses Abgleiten an äußeren Phänomenen läßt sich gar nicht fassen. Ein distanziertes *Urteil* gewinnt man, wenn man rein optisch die *Verschiebung* betrachtet. Ob man nun von „abgleiten" oder nur von „verschie-

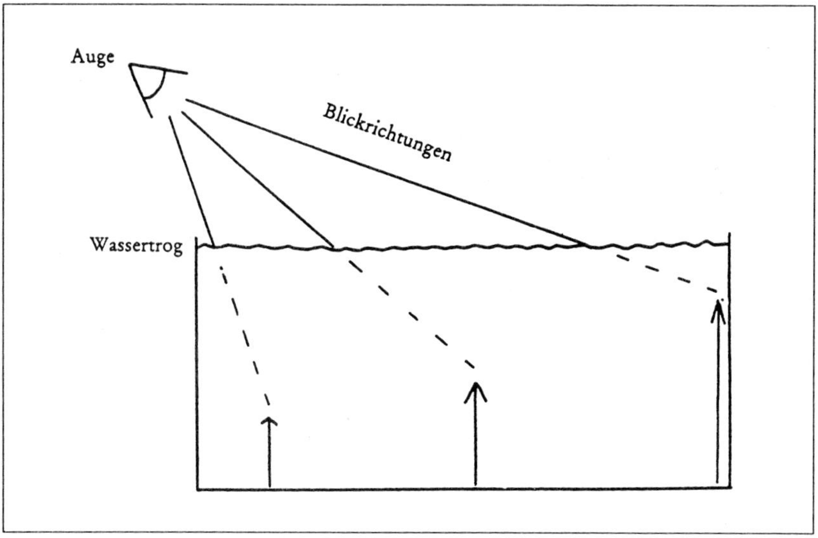

Abb. 17. Das Ausmaß der Verschiebungen bei Veränderung der Blickrichtung

ben" spricht, ist zwar für den Zusammenhang zunächst gleichgültig, doch kann man die Wendung „abgleiten" als anschaulichen Hinweis auf unsere eigene Sehtätigkeit auffassen. Das „Abgleiten" spricht unsere Aktivität im Sehen aus, wie sie an der Wasseroberfläche modifiziert wird. Dadurch soll versucht werden, gleichzeitig auch der eigenen Stellung in der Erscheinung nachzuspüren.

Die Beziehung der Sehrichtung zur Verschiebung ist folgende: Je schräger der Blick auf die Oberfläche gerichtet wird, umso größer ist das „Abgleiten", das heißt um so mehr wird der Ansichtsinhalt hochgezogen; umso näher kommt der gesehene Grund des Wassers der Oberfläche. Stellt man sich abstrakte Blickrichtungen vor, so würden die Pfeile die Größe und Richtung der Verschiebung angeben — aber ohne dabei irgendeinen energetisch-materiellen Vorgang anzudeuten. (Abb. 17)

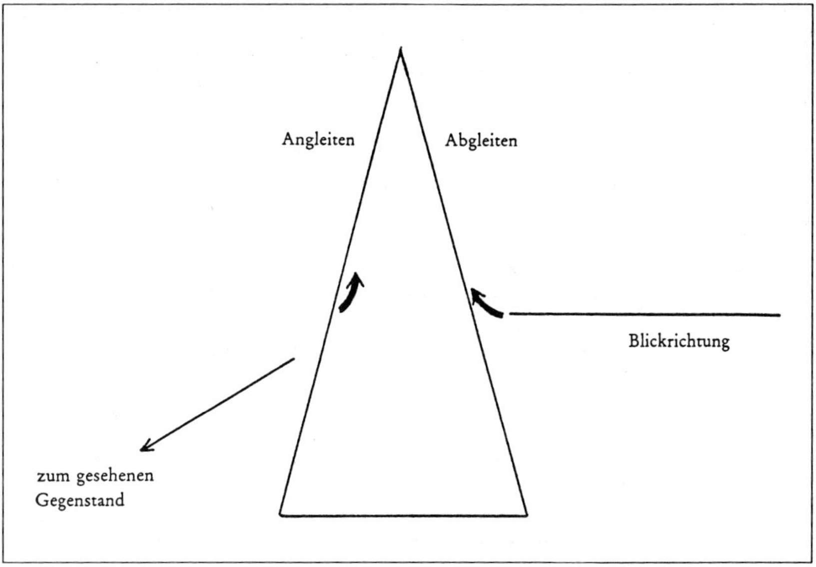

Abb. 18. Das beim Wassertrog Erfahrene auf das Prisma denkend angewandt

(Blickt man — etwa als Taucher — aus den Wasser *heraus*, so hat die Verschiebung die umgekehrte Richtung, der Blick gleitet mit der Ansicht nicht ab, sondern „an". Das Blicken vom Wasser in die Luft sei aber nicht weiter verfolgt.)

Beim Blick durch das *Prisma* haben wir nun beides: an der Vorderfläche Abgleiten, an der Hinterfläche "Angleiten". Diese beiden Verschiebungen verstärken sich: Wie man das Prisma auch hält, man kann nie durch beide Flächen senkrecht blicken. Die Schräge des Durchblikkens der einen Fläche läßt sich nur verringern, indem die der anderen zunimmt. Es *muß* also immer Verschiebung auftreten.

Unsere bisherigen Betrachtungen erlauben, die Erscheinung am Prisma einem größeren, einfacheren Erscheinungsbereich anzuschließen: dem Blick *ins Wasser*, beziehungsweise *aus dem Wasser* (auch wenn wir vieles noch vereinfacht haben). Das Prismenphänomen steht in einer Reihe von optischen Verschiebungserscheinungen. In gedanklicher Tätigkeit schreitet man von einem Glied zum nächsten. Zum ersten Wahrnehmungsinhalt (dem Blick durch das Prisma) kommt so immer mehr vergleichender Gedankeninhalt hinzu — Erklärung beginnt.

7.1.4 Modelldenken

Die beiden Erklärungen a) und b) (Abschnitte 7.1.2 und 7.1.3) haben beide noch etwas Unbefriedigendes. Bei a): Warum knicken überhaupt Lichtstrahlen an Grenzflächen ab und wieso nach dem Sinusgesetz? Und bei b): Wieso zeigt das Wasser dem hineindringenden Blick diese gehobene Ansicht, woher kommt die Hebung?

Betrachten wir zunächst die Erklärungsweise a): Sie kann die tiefere Ursache nur in der Natur der gedachten „Lichtstrahlen" suchen. Und tatsächlich läßt sich da etwas annehmen: Gesetzt, daß Licht eine elektromagnetische Welle sei, so dringt diese Welle auch in das optisch dichtere Medium ein. Dort wird sie verlangsamt. Kommt die Wellenfront schräg in die Grenzfläche, so muß sie an der Unterseite bereits in das dichtere Medium eindringen, das heißt: langsamer werden, wenn sie im oberen Teil noch nicht verlangsamt ist. Also wird sie zum Lot hin umschwenken; wie eine Soldatenreihe, deren Flanke in den Sumpf gerät. Nach Huygens: Die Wellenfront am Ort 1 gelangt früher an das dichtere Medium. Die von dort ausgehende Elementarwelle ergibt mit den von 2 und 3 ausgehenden als gemeinsame Tangente die neue Wellenfront. Die neue Ausbreitungsrichtung liegt senkrecht zur Wellenfront. (Die genauen Einzelheiten stehen in jedem Lehrbuch der Optik.) Wichtig ist hier: Die Vorstellung der Wellen und Elementarwellen ergibt rein *mechanisch* die beobachtete Schwenkung der Richtung. Man kann sogar das Sinusgesetz aus der Verlangsamung mathematisch *ableiten.*

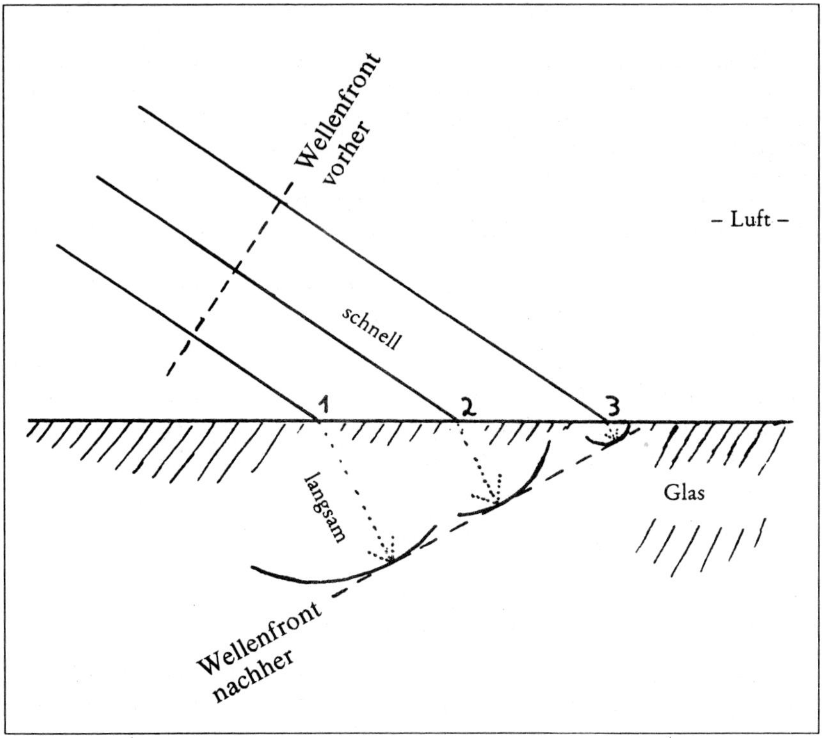

Abb. 19. Huygens Deutung der Brechung

Es kann uns nicht darauf ankommen, die Wellentheorie des Lichtes ab ovo zu entwickeln. Es sollte nur ein Bewußtsein dafür geweckt werden, wie die quantitativ-analytische Erklärung zunächst ein tiefergehendes Bedürfnis des Verstehens offenläßt. Warum folgt die Erscheinung gerade diesem Brechungsgesetz? Die quantitativ-analytische Betrachtung erscheint dem Verstehen-Wollenden noch zu äußerlich, unwesentlich. Man will in die Tiefe der Dinge eindringen, um dort das Allgemeine zu finden, das die Sache mit den vermeintlichen Grundtatsachen verbindet. Diese Vertiefung und Universalisierung ermöglicht die Wellentheorie, indem sie uns sagt: „Alles Licht besteht aus Wellen; Wellen wandern mit je eigenen Geschwindigkeiten durch unterschiedliche Materie und so weiter." Wir bilden uns also ein *Modell*, das Wellenmodell.

Newton hat für die Brechung des Lichtes ein anderes Modell entwikkelt: Er stellte sich Licht modellhaft als aus klitzekleinen Lichtkügelchen bestehend vor, die im unterschiedlich dichten Medium mit unterschiedlicher Geschwindigkeit vorankommen. Wir brauchen dieses Modell nicht näher zu vertiefen. Worauf wir hinweisen möchten, ist die Befriedigung, die wir aus solchen modellhaften Erklärungen schöpfen. Wir fragen nicht mehr weiter, nachdem wir aus dem analytischen Denken heraus zu den Modellen gelangt sind. Die Modelle sind in der Erklärung des am Prisma erlebten Phänomens an die Stelle anderer zusätzlicher Phänomenerfahrungen getreten.

Die phänomenologische Deutung rollt dagegen nicht zu solchen Modellen fort. Verstehen nach b) bedeutet: vertrauter mit der Vielfalt der Erscheinungen geworden sein. — Woher kommt die Tendenz des analytischen Denkens, zum Modell irgendwie fortzurollen?

7.2 Wesenszüge des analytischen Denkens

7.2.1 Die Abgrenzung zum Modelldenken

Untersuchen wir — um die Begriffe klarer zu bekommen — an einem zweiten Beispiel den Übergang vom analytischen Denken zum heute so beliebten Modelldenken.

Ein Gas dehnt sich beim Erwärmen aus. Als ersten Abstraktionsschritt sehen wir von Hitzeempfindungen oder anderen qualitativen Erscheinungen des Erwärmens, vom Schwellen des Behälters und dergleichen ab. Aus Meßgrößen formulieren wir idealisierend (induktiv) das Gesetz:

$$V_t = V_o \cdot \left(1 + \frac{t}{273}\right)$$

V_t = Volumen bei der Temperatur t

V_o = Volumen bei 0°C

Man könnte solche kausalanalytisch gefundenen Gesetze auch „mathematische Modelle" nennen. Sie werden gefunden, gelehrt und angewendet, indem man von Sinneserlebnissen (dem Wärmefühlen usw.) ganz absieht und nur die sogenannten primären Qualitäten, das heißt mechanische Größen verarbeitet; hier zum Beispiel den Stand der Quecksilbersäule an der Thermometerskala und die Stellung eines Kolbens bei der Volumenmessung. – Auch das im vorigen Abschnitt besprochene Snellius'sche Brechungsgesetz ist ein solches mathematisches Modell.

Ein *physikalisches* Modell, ein naives Gegenstandsmodell dagegen wäre Newtons Theorie von den Lichtpartikeln oder die kinetische Gastheorie. In ihr wird Licht und Wärme als Bewegung von Teilchen aufgefaßt. Dieses Modell gilt für qualitativ weit abliegende Vorgänge, an die man vielleicht noch gar nicht gedacht hat; daruf beruht seine Macht, sein Ruhm. Das mathematische Zahlenmodell dagegen substituiert nicht die Erscheinungen, sondern nur einen bestimmten quantitativen Zusammenhang derselben. Es hat einen viel geringeren Abstraktionsgrad.

Man konstruiert in die Erscheinungen unwahrnehmbare Gegenstände hinein, die in der offenbaren Welt nicht wesentlich das Bild bestimmend auftreten: es sind die bewegten Partikel. Man denkt dann: In den Partikeln lägen die wahren Ursachen für die offenbaren Erscheinungen. Ihre Bewegungen brächten die Brechung oder den Wärmegrad hervor. Unter anderem erbringt das Modell der kinetischen Gastheorie meist die Herleitung für die Gasgesetze. Die gegenständlichen Annahmen des Modells werden nicht nur im untersuchten Fall, sondern *grundsätzlich* als Ursachen angesehen – überall und immer. Atome, Moleküle und dergleichen werden zu kausalen Universalwirklichkeiten: Sie erklären praktisch alles.

Kennzeichnend für solche Modelle ist also:

1. Man bildet gegenständliche Vorstellungen von etwas Unwahrnehmbaren, das im ursprünglichen Wahrnehmen nicht auftritt.
2. Dieses Unwahrnehmbare muß seiner Konzeption nach *allen* erfahrbaren Weltgebieten zugrunde liegend gedacht werden können.
3. Die erlebbaren Qualitäten der Erfahrung werden wesenlos, weil sie ja nur „Ausschwitzung" einer ganz anders gearteten Wirklichkeit

sein sollen.

Will man diesen Nachteilen der Modelle ihren Vorzug, durch alle Naturwissenschaften hindurch einheitliche Erklärungskonzepte zu liefern, abwägend gegenüberstellen, so wird ein überblickendes Denken erforderlich, das vor der 12. Klasse kaum erreichbar sein wird. Wohl dagegen wird man schon in einer 10. oder 11. Klasse eine anfängliche Verstehensmöglichkeit erreichen können für die den Modellen *vorangehenden* quantifizierenden Schritte innerhalb einzelner grundständiger Erfahrungen, die zum analytischen Denken erst hinführen.

Das *analytische Denken* schafft Formeln, eine Art „mathematischer Modelle", wie am Beispiel gezeigt. Es entstammt letztlich der Mechanik, wo Materie auf Materiepunkt, wo Zeitpunkt auf Zeitpunkt wirkt. Es hat sich besonders im 17. Jahrhundert entwickelt und führte zur „Mechanisierung des Weltbildes", wie Dijksterhuis sein bekanntes Werk [23] betitelte. Als eine Vorstufe der gegenständlichen Modelle ist das analytische Denken mit seinen mathematischen Modellen durch folgendes gekennzeichnet:

1. Das menschliche Gesamterlebnis eines Phänomens in seiner Umgebung wird als nicht wissenschaftlich verarbeitbar angesehen; es wird (stattdessen) nach etwas gesucht, das ohne den Menschen vorhanden ist.
2. Die Sinnesqualitäten werden abgestreift zugunsten einer Betrachtung des verdinglichten Phänomens: nach Größe, nach Lage und Form und nach der mechanischen Bewegung (Kontrolle der Parameter eines Einzelzustandes).
3. Die meßbaren Quantitäten werden mathematisch formulierten Gesetzen eingepaßt.

Es sind bevorzugt die letzten zwei Merkmale, die Schüler auch einer 11. Klasse bereits selbst an der Art der Behandlung einzelner Unterrichtsinhalte ablesen können. Die Ausblendung von Qualitäten kann so bewußt werden. Und man kann die Schüler auf etwas aufmerksam machen, was sie dunkel spüren: Die Formeln stellen sich wie ein starres Gerüst zwischen die bewegten Phänomene. Die erlebte Wirklichkeit wird dünn und ist mühsam zu fassen. Ständig braucht man die Anstrengung des Vorstellens. Man möchte sich auf etwas mehr Bildhaftem ausruhen; man will zurück zu anschaulichen Vorstellungen. Man ist reif für die Modelle. Gerne ergreift man das Anschauliche,

Handfeste, das sich unter die dürren Formeln der kausalanalytischen Betrachtung schiebt.

7.2.2 Die Mission des analytischen Denkens

Nach den vorigen Betrachtungen erscheint uns das analytische Denken vielleicht wie ein gefährliches, menschenfremdes Zweckinstrument: übergenau, abstrakt, äußerlich — in seinen Formeln nur Menschen mit scharfem Intellekt zugänglich. Und doch gehört es als Erziehungsmittel in die Schule. Warum?

Betrachten wir noch einmal die Formel des Ausdehnungsgesetzes. Wer in die Sache einigermaßen eingedrungen ist, wird der Sache innerlich nachgehen können. Damit ist in unserem Beispiel etwa folgendes gemeint: Indem die Erhitzung immer höher getrieben wird, der Gasbehälter sich spannt (glüht, platzt, ...), wird etwas von der Wirksamkeit des Erhitzens, des Ansteigens der Temperatur usw. erlebt. Auch wenn nur „langweilige" Ausdehnungsmessungen mit dem Kolbenprober gemacht werden, erwartet man von der Erwärmung eine Wirksamkeit in dieser Richtung: ein Dehnen, ein Spannen. Man hat doch aus vielerlei Erfahrungen mit der Wärme eine innere gefühlsmäßige Verbindung mit ihrer Wirkensrichtung. Wird einem dann die Formel

$$V_t = V_o \cdot \left(1 + \frac{t}{273}\right)$$

präsentiert, so nimmt man sie nicht als eine fremdartige, nur empirisch-äußerliche Meldung entgegen, sondern kann sie als Je-desto-Beziehung innerlich nachvollziehen und bejahend betrachten. Man hat zum Beispiel ein ziemlich sicheres Gespür dafür, daß in der Formel ein Plus und kein Minus stehen muß. Daß dieses Gespür in manchen komplexen Fällen widerlegt werden kann, das heißt zur weiteren Differenzierung genötigt wird, sagt nichts dagegen, daß man es im Weltverhältnis hat, betätigt und nutzt.

Analytisches Denken schafft also erst Distanz, dann aber wieder *innere Verbindung* mit dem Geschehen der Welt, indem man die Größen in den gewonnenen Gesetzen innerlich fühlend bewegt. Was vorher nur äußerlich miterlebt wurde, kann nun im Vorstellen innerlich aufgebaut werden.

Indem die Beziehungen und Gesetze des analytischen Denkens in der klassischen Physik dieses innerliche Nachgehen erlauben, zur fruchtbaren Handhabung sogar fordern, enthalten sie Schulungsmöglichkeiten zur Objektivierung der Gedankenbewegungen. Das muß in der Schule entfaltet werden. Allerdings, wo die Gedankenbewegungen wesentlich in einem bloß Mechanik-orientierten Begriffssystem ablaufen, schulen sie nur einen *Ausschnitt* der geistigen Fähigkeiten; doch davon später.

Zunächst: Wie werden die Möglichkeiten des analytischen Denkens im Unterricht altersgemäß genutzt? — Nach einem ersten qualitativen Kennenlernen der verschiedenen Gebiete der Physik in der 6. Klasse soll mit deren Wiederkommen in der 7. Klasse schon zu mehr Quantitativem übergegangen werden. In der Akustik zum Beispiel werden Schwingungen und Schwingungszahlen, in der Wärmelehre die Ausdehnungsthermometrie, in der Elektrizitätslehre die Größen Strom und Spannung behandelt. Die mit der 7. Klasse einsetzende Mechanik führt besonders intensiv anhand des Hebels und der Seilzüge in analytisches Denken ein. Darüber ist in den Kapiteln 1, 3 und 5 Näheres ausgeführt. Die „Schulung des Betrachtens der Phänomene" sehe man dazu nicht als Gegensatz, sondern zunächst als Unterstützung.

Das Interesse wird auf dem Weg der Physik durch die Klassenstufen 6 bis 8 beflügelt, wenn zuerst eine phänomenologische Betrachtung starke *Verbindungen* mit den Erscheinungen schafft, dann aber der (mit dadurch) erwachende Wunsch nach *Beherrschung* durch die quantitativen Strukturen zum Zuge kommt. Solche Strukturen sind eine wesentliche Seite des Physikunterrichts der 8. bis 10. Klasse. Die Menschenkunde, die die Waldorfpädagogik begründet, bemerkt, daß gerade zur Pubertätszeit die mehr unpersönlichen, aber äußerlich ermächtigenden geistigen Fähigkeiten des quantitativen Erfassens der Welt durch analytisches Denken bevorzugt auftreten. In diesem Lebensalter wird der junge Mensch gerade dadurch für die Welt aufgeschlossen, daß er technisch denkt und fühlt.

7.3 Die phänomenologische Betrachtung

7.3.1 Abgrenzung zum analytischen Denken

In der fachdidaktischen Literatur spricht man von naturwissenschaftlicher Elementarbildung häufig als von einer Schulung methoden-orientierter Verhaltensweisen; früher zielte man in einer ähnlichen Richtung, wenn man von formalen Bildungszielen sprach, zum Beispiel in der Informationsgewinnung und -verarbeitung. Hierher gehört auch das prozeßorientierte Lernen. Die phänomenologische Betrachtungsart hat auf ihre Art ähnliche Ziele.

In heute gültigen Rahmenrichtlinien ist immer wieder als Lernziel aufgeführt: Beobachten, Vergleichen, Unterscheiden, Sammeln, Ordnen, Klassifizieren, Kommunizieren, Deuten, Beziehungen finden, Experimentieren. Diese Schulungsmittel methodenorientierter Verhaltensweisen sind in der hier angestrebten phänomenologischen Betrachtungsweise weitgehend mitenthalten. Eine unterschiedliche Nuance liegt darin, daß dem logischen Strukturieren weniger Gewicht gegeben werden soll, dafür mehr dem *Charakterisieren*. Ein Entwickeln phänomenologischer Zusammenhänge, die über den Einzelfall und seine Registrierung hinausgreifen, wird dadurch möglich, daß man nicht sofort auf die reduzierten Begriffe der nur in Sachstrukturen denkenden quantitativ-kausalanalytischen Erfassung losgeht, sondern auch Erlebnisstrukturen und Wahrnehmungsstrukturen vor ihrer Vergegenständlichung verfolgt und ordnet.

Der Weg der phänomenologischen Betrachtung *beginnt* mit dem Gesamterlebnis. Man versucht zunächst, es gegenständlich auszusprechen; ohne festzusetzen, daß alles nur aus Gegenständen besteht. Der phänomenologische Weg *endet* mit einem größeren Gedankenzusammenhang, der sich nicht in quantifizierbaren Kategorien und Sachstrukturen erschöpft. Dazwischen werden etwa die folgenden Stufen durchlaufen: Gliedern, Vergleichen, Entsprechungen klären, Anordnen, Phänomene reihen, Experimente abwandeln, Entwicklungen erfassen, Abhängigkeiten und Bedingungen allgemein aussprechen. Solches findet man bereits in Goethes Metamorphosen- und Farbenlehre.

Eine Vertiefung phänomenologischer Betrachtung ist also weit mehr als etwa subjektives Wertschätzen. Durch das Aussprechen und Denken werden die Betrachtungen intersubjektiv. Es soll nicht ein unreflektiertes Naturerleben immer weiter als solches gesteigert werden, vielmehr sollen die Erlebnisse gedanklich hinweisend verarbeitet werden, hinweisend auf Wesentliches. Gemütskräfte stehen zwar am Anfang der Weltbegegnung, aber sie werden mit dieser zusammen *erhellt*. Das Phänomenologische ist hier nicht nur Gleitmittel für das Erreichen des analytischen Denkens, sondern es führt zu eigenen Denkformen[69]. Es steht nicht im Widerspruch zum analytischen Denken, sondern ergänzt es. Das analytische Denken hat eine wesensmäßige Tendenz zum Zerlegen, Zerteilen, es isoliert, trennt absichtlich vom Gesamtzusammenhang ab. Es fördert damit wesensmäßig die zerstörenden Erkenntniskräfte. Das phänomenologisch-ganzheitliche Denken fügt und läßt zusammen; es spricht andere Erlebniskräfte an.

Diese besondere Entfaltung des Phänomenologischen ist auch *motivational* erforderlich. Ist es doch ein weitverbreitetes, vielbeklagtes Ergebnis üblicher naturwissenschaftlicher Erziehung, daß sich die jungen Menschen von der Rationalität der Naturwissenschaften abwenden. Dafür mag mitbestimmend sein, daß das modellorientierte und analytische Denken in der Bildung überbetont ist. Die so geprägte Naturwissenschaft zeichnet dem Schüler das Bild einer kalten, menschenfernen Materiewelt, die fertig und ewig erscheint, — die alles Fühlen erdrückt. Daß auch die messende Naturwissenschaft ein solches Bild in Wahrheit gar nicht zeichnen kann, ändert nichts daran, daß sie oft so wirkt.

Man kann nun mit der phänomenologisch vertieften Betrachtungsweise dagegen anarbeiten. Das hat deshalb Aussichten, weil diese Betrachtung der Naturerscheinungen nicht in definierten Begriffen *abschließend* kausal erklärt, sondern in offenen Begriffen charakterisiert und anordnet, so daß die Sache erlebend immer reicher werden kann. So kommt man den Bedürfnissen des Lernenden entgegen.

---

69) Mehr in den nächsten beiden Kapiteln.

7.3.2 Erweiterung des Phänomenologischen

Am Ende der Phänomenologie soll, wie gesagt, ein größerer Gedankenzusammenhang stehen, nicht nur die Beschreibung einer Beobachtung. Etwas Universales über Welt und Mensch im Großen soll sich zeigen. Wie kommt das zustande?

Das Beispiel der Sicht durch das Prisma haben wir zunächst nur kausal-analytisch erweitert und kamen zum Wellenmodell des Lichtes. Das ist bereits etwas Universales, allerdings abstrakt. Etwas Entsprechendes von ähnlicher Allgemeinheit für die phänomenologische Betrachtung fehlt noch. (Mancher Leser hat das vielleicht schon im Abschnitt 7.1.4 vermißt.)

Es ist hier nicht der Ort, für eine phänomenologische Erweiterung weit auszuholen; es soll nur ein qualitativer Weg angedeutet werden: Wir haben ja die Prismenansicht auf das Sehen ins Wasser zurückgeführt. Das Wasser zeigt, wenn man es in der Landschaft erlebt, einerseits ein Aufblitzen, Spiegeln: Was *oben* zu sehen ist, der Himmel, das wird plötzlich im *Hinabblicken* sichtbar. – Andererseits kann man mit dem Blick auch das suchen, was unter Wasser ist, was man dort mit einer Stange berühren, was man tasten könnte. Und da fällt das Sichtbare und Tastbare auseinander! Das Sichtbare verzieht sich sogar noch immer weiter, je nachdem wie man blickt. Es dehnt sich, hebt sich, wird gestaucht: kurz, es scheint wie aus Gallerte. Man kann die Dinge nicht, wie in der Welt des Festen, lokalisieren. Sie werden einem weggezogen.

Zielvorstellung einer erweiterten Phänomenologie ist ein Vordringen bis zum *Menschen*, genauer: zu einer Besinnung und Ordnung, *wie* der Mensch in der Welt darinnen steht. Auf was es ankommt, ist folgendes: Wenn Erklären gar nicht heißt, die *Gegenstände* da draußen anordnen und verbinden, sondern heißt: meine *Wahrnehmungerlebnisse* ordnen und verbinden, dann erfasse ich auf solchem Wege auch, wie *ich selbst* differenziert in der Welt darinnen stehe. Durch mich selbst erfasse ich erst differenziert Wesentliches der Welt[70]. lt.[71]

----

70) Dies wird näher im Kapitel 9 ausgeführt.

Eine solche Erkenntnishaltung kommt neuerdings verstärkt in der Naturphilosophie auf. Der bekannte belgische Thermodynamiker Ilya Prigogine wählt zusammenfassend für die Zukunft der Naturbetrachtung ein Wort aus der Soziologie:

> „Solange ich am Ideal eines absoluten Beobachtens, einer Erkenntnis ohne Standpunkt festhalte, kann ich in meiner Situation nur die Quelle meines Irrtums sehen. ... [Dagegen] enthüllt sich mir mein Kontakt mit dem Sozialen in der Endlichkeit meiner Situation als der Ausgangspunkt jeglicher Wahrheit."[71]

Situatives Verstehen in qualitativen Begriffen, die im Inneren des Menschen unbegrenzt vertieft werden können, stellt sich dem *gegenständlichen Verstehen* mit quantitativen Begriffen gegenüber; jenen Begriffen, die im Äußeren der Gegenstandswelt unbegrenzt spezialisiert werden können und zur Spzialwissenschaft führen. „Divergierende" Probleme, die nicht ohne Be-denken von Leben, Bewußtsein und Selbstverständnis gelöst werden können, und konvergierende Probleme, für die es eine „richtige Formel" gibt, stehen sich gegenüber[72]. Die divergierenden Probleme mit ihren offenen Begriffen sind die eigentlichen Probleme des Lebens und Überlebens. Um die Arbeit an ihnen zu stärken, müssen durch Phänomenologie offene, qualitative Begriffe bis an die Sinneswahrnehmungen der Fachwissenschaften in geordnetem Denken herangebracht werden!

7.4 Der Bezug zum Physik-Lehrplan

Die sogenannte abstrakte Naturwissenschaft, die nach der beschriebenen kausal-analytischen Methode entwickelt wurde, steht also prinzipiell *neben* anderen Erkenntnisweisen. Dies soll am Schema der Abb. 20 erläutert werden:

Zunächst betrachten wir die vom Gesamterlebnis abwärts laufenden Pfeile: Verengung des Aspekts und fortschreitende Abstraktion führen zum vereinzelnden Betrachten und zu den Modellen.

---

71) [80] Seite 290

72) nach E. F. Schumacher [88] Seite 166 f.

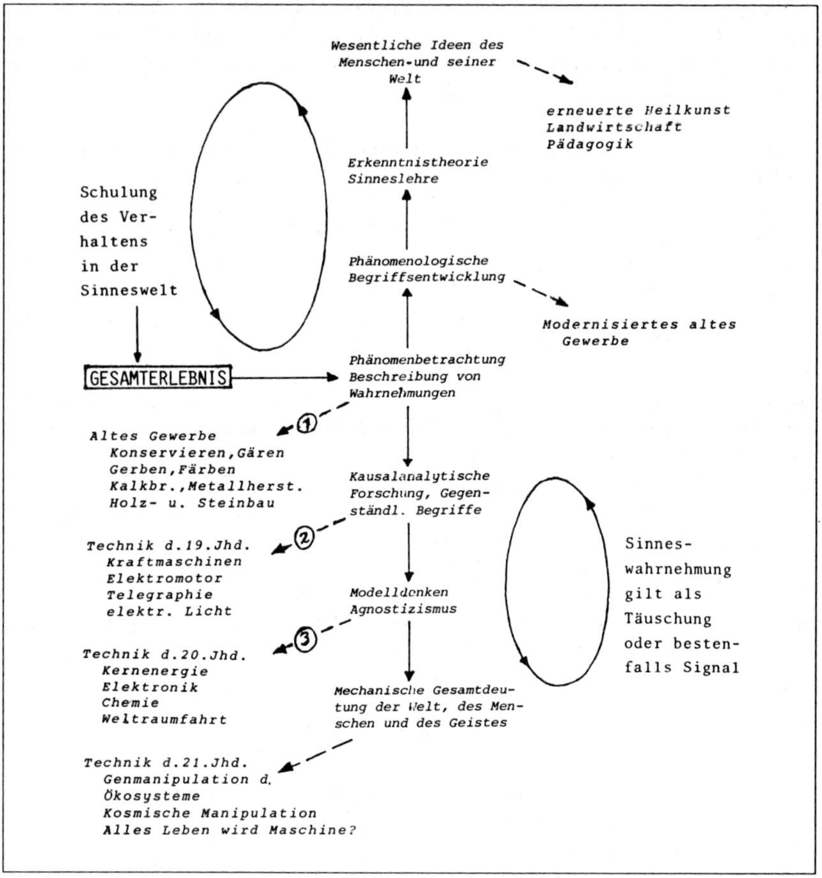

Abb. 20. Naturwissenschaftliche Zugriffsweisen

Die Modelle errichten durchgehende Deutungen der Welt und degradieren das anfängliche Gesamterlebnis zum bloßen Transportvehikel ihres Einflusses, das heißt zur Täuschung. Das Erkennen wird zum Gefangenen des unteren Kreises. Der Mensch verliert sein freies Erleben und sein bewegliches Selbstverständnis. Er entfaltet riesenhafte technische Wirkungen – und genießt einfach, was er alles *hat*. Dagegen aufwärts: Die Vertiefung der phänomenologischen Betrachtung führt ihn zum Erfassen seiner selbst und damit zu neuen Fundamenten des Geistes – und dadurch wieder an das Gesamterlebnis heran.[73] Der Mensch lebt geistig weiter; sein Erleben der Welt wächst mit ihm (oberer Kreis) – er genießt, was ihm *aufgeht.*

Damit kann noch einmal skizziert werden, wie man in der Waldorfschule im naturwissenschaftlichen Unterricht vorgeht. Man beginnt in der 6. Klasse mit dem Gesamterlebnis. Man schult die Ruhe und Wärme der Sinneszuwendung. Das Erlebte wird phänomenologisch verbunden: man schult anfängliches Denken. Wesentliche Gesamtdeutungen wirken unausgesprochen aus dem weiterreichenden Streben des Lehrers in den Unterricht. – Gewerbliche Anwendungen werden besprochen (gestrichelter Pfeil (1)).

Dann schreitet man allmählich über kausalanalytisches Denken mit Telefon und Kraftmaschinen [54] zur älteren Technik vor (gestrichelter Pfeil (2)), noch nicht aber zu den Modellen.

In der 10. Klasse versucht man, an der elementaren Mechanik aufzuzeigen, wie kausalanalytische Gesetze im Menschen *innerlich* entwikkelt werden und doch zur Außenwelt passen: zu ihrem toten Teil (Fall, Wurf, Kräftezerlegung). Es wird ein Vorstoß unternommen von der Ebene der kausalanalytischen Betrachtung (erste Station auf dem Weg nach unten) bis zur obersten Ebene, der wesentlichen Deutung des Menschen und seiner Erkenntnis.

In der 11. Klasse zeigt man an den neueren Errungenschaften, zum Beispiel der Funktechnik und Atomenergie, wie kausalanalytische Betrachtung Modelle schaffen kann, um sich mit Gesamtdeutungen der Welt von der Welt abzuschließen! Die grundlegenden Verständnisfragen bleiben nämlich trotz der heute weit gelungenen Großtechnik offen. Was sind eigentlich Felder, was wirkt im statistischen Zerfall, wie ist die Natur der Strahlen? – Wesensfragen, die mit Modellen, das heißt mit Kategorien, die letztlich aus der Mechanik stammen, nicht zu beantworten, nicht einmal zu stellen sind. Der Schüler bekommt ein äußerliches, forschendes Verhältnis zu immer sich tiefer öffnenden untersinnlich-unwirklichen Wirkungsfeldern der Natur. Man arbeitet

---

73) ausführlicher in Kapitel 9

also im Bereich des Pfeiles (3).

In der 12. Klasse wird dann an der Optik die phänomenologische Betrachtung breit angesetzt und bis zu wesentlichen Gesamtdeutungen geführt. Phänomenologie darf jetzt nicht mehr vorwissenschaftliche, bloß phänomenale Naturlehre bleiben. Der obere Kreis des Schemas wird ausgeschritten. Daneben wird manchmal ein quantitativer Ansatz bis zu den Lichtmodellen geführt — bis sich schließlich die Modelle, klassisch verstanden, widersprechen (Welle-Teilchen-Dualismus). Die verschiedenen Betrachtungsweisen sollen erlebt und durchschaut sein. Oberer und unterer Kreis der Abbildung 20 werden so in den Konflikt geführt.

Welche Betrachtungsart ist die richtige, fragt der Schüler. — Keine! Wie man vorgeht, hängt davon ab, was man anstrebt. Und es hängt davon ab, wie man sich selbst innerlich zur Welt stellen will. Das ist ja gerade materialistisches Vorurteil, daß es eine *einzige* Erkenntnismethode gäbe[74], um in allen Fragen der Wirklichkeit nahe zu kommen — eine Erkenntnismethode, die nicht aus dem *Menschen*, sondern aus den von ihm in diesem (verkehrten) Sinne aufgefaßten *Sachen* käme — aus der Mechanik, aus der Bewegungslehre (Descartes).

Jeder Erkenntnisweg hat seine biographischen Bedingungen — und Früchte. Was lernt man am Modelldenken? Man erfährt etwas von der Freiheit des Menschengeistes, sein leicht zu steigerndes mechanistisches Denkvermögen der Welt aufzuprägen und sich von ihrer tieferen Gebärdensprache abzuwenden. Möglichkeiten der Zerstörung und Selbstzerstörung lernt man kennen. Das ist Thema des modernen Menschen, der Selbstzerstörung und Selbstheilung vielfältig in sich trägt. Der Methodenüberblick in der Forschung wird zu einem Stück Selbsterkenntnis — und damit zu einem Licht, das auf unsere Zeit fällt.

Die Denkformen, die unsere Welt prägen, muß der Schüler kennenlernen. Indem er sie nicht nur theoretisch abgrenzt, sondern hineinschlüpft und nacheinander durch sie mit Naturphänomenen fertig werden muß, wird ihm die Sache schwer gemacht. Er lernt, sich im Denken nicht mehr nur vom Gewohnten führen zu lassen, sondern sich

---

74) ausführlicher in Kapitel 2.

selbst zu führen. Bewegliche Denkkraft wird erübt, wenn er von einer Erkenntnismethode in die andere schlüpft. Indem Wissenschaftstheorie so in der 12. Klasse ein kleines Stück weit erarbeitet wird, sollen die eigenen geistigen Ideale und Erkenntnisneigungen des jungen Menschen herauskommen, für ihn selbst sichtbar werden, wenn sie die Welterscheinungen erfassen — oder an ihnen abgleiten. Und er kann fühlen, wie die Welt durch ihn wahrhaft spricht, wenn er mit geistiger Kraft und geistiger Entschiedenheit an sie herantritt.

Das Wasser
Unterschiedliche Begriffsbildungen

8.
Das Wasser
unterschiedliche Begriffsbildungen

8.1 Präzise und exakte Begriffsbildung

Im Zusammenhang mit der Ausbildung von Grundschullehrern luden wir vor einiger Zeit eine Reihe von Viertklässlern in die Pädagogische Hochschule ein, damit die angehenden Lehrer Vorstellungen, Denkweisen und Begriffsinhalte von Kindern aus eigener Anschauung bereits in der ersten Phase der Lehrerbildung kennenlernen können. Um in ein Gespräch zu kommen, hatten die Studenten verschiedenes bereitgestellt: eine Wanne mit *Wasser* und allerlei Materialien: kleine und große Holzstücke, Steine, Eisendraht, Gummistopfen, Knetwachs, kleine und große Schrauben usw. Am Thema „Schwimmen und Sinken" wollten sie etwas über die naturwissenschaftlichen Vorstellungen der Kinder erfahren. Sie baten die Kinder, einen Gegenstand nach dem anderen in die Hand zu nehmen, vorherzusagen, ob er untergehen oder schwimmen werde, und dann zu prüfen, ob eintrifft, was erwartet wurde. Nach einer Weile wurde dann jedem Kind die Frage gestellt: Warum schwimmen die einen Sachen und warum gehen die anderen unter?

Die einen Kinder (oft die jüngeren) sagten: Nun, dies ist aus Holz, das aus Metall; Holz schwimmt eben und Eisen geht unter. Andere (meist etwas ältere) sagten: Die Sachen, die sinken, sind schwerer als die, die schwimmen. (Sie meinen die Dichte, wie sich beim Nachfragen herausstellte.) Diese Kinder verallgemeinerten schon; sie hatten die Ursache für Schwimmen und Sinken *in die Materialien hinein* verlegt. Die Physiker tun das üblicherweise ganz ähnlich, nur etwas vollständiger: Sie betrachten die Dichteunterschiede von Material und Flüssigkeit; auch sie lokalisieren den Grund für Schwimmen und Sinken in die Materie.

Unter den Kindern war auch ein Mädchen, dessen Antwort abwich von dem, was die Studenten erwartet hatten. Hier ein kurzer Ausschnitt des Dialogs:

Pause. E. (die Schülerin) nimmt einen Stein; bevor sie ihn in das Wasser legt, sagt sie: *„Der Stein geht unter!"*
Studentin: *„Ja, genau!"*

E. wirft ihn hinein: *„Der ist ganz schwer, weil er ja auch von der Erde kommt. Dann geht er auch unter!"* Sie drückt mit den Händen auf den Tisch.
Studentin (erstaunt): *„Ach so?"* Nach einer förmlichen Schrecksekunde: *„Ja, das ist möglich!"*
E.: *„Das Holz, das geht hoch"* (sie macht mit beiden Armen eine Bewegung nach oben und spreizt die Finger nach außen) *„und das nimmt ja das Licht auf und geht ja dann nicht unter!"* (Läßt die Arme wieder sinken.)
Studentin: *„Aha! Am besten nehmen wir das (den Stein) jetzt wieder raus und dann können wir am Schluß irgend etwas rausfinden."* Sie richtet auf dem Tisch eine Abteilung für die Dinge ein, die untergehen, und eine Abteilung für die Dinge, die schwimmen.

Dieses Kind hat auch verallgemeinert, aber die Ursache für Schwimmen und Sinken nicht eingekapselt in die Materie, sondern im ganzen Weltzusammenhang belassen. Sonne und Erde, oben und unten waren noch dabei, waren nicht abgeschnitten. Das wurde auch an anderen Stellen des Gesprächs sichtbar: Sie sagte hartnäckig *„bleibt oben"*, *„geht unter"*, auch wenn die Studentin immer von *„schwimmen"* und *„sinken"* sprach.

Ohne etwas von der Polarität zwischen materialistisch-mechanistischer und goetheanistischer Naturwissenschaft zu ahnen, hatte dieses Kind ganzheitlich „das Denken dazu verwendet, die den Sinnen durch Beobachtung und Experimente gegebenen Qualitäten so zu ordnen, daß das eine Phänomen in seinen Zuständen und Vorgängen als Folge anderer Phänomene verständlich wird". [64]

Dieser Gegensatz zwischen der physiküblichen materialistisch-mechanistischen Betrachtungsweise auf der einen Seite und der goetheanistischen auf der anderen Seite soll im Folgenden etwas ausführlicher dargestellt werden. Am Ende wird dann nach den Konsequenzen für den Lernvorgang und für das Lebensgefühl zu fragen sein.

Die kurze Schilderung der möglichen Antworten auf das Problem von Schwimmen und Sinken deutet bereits einen ersten Unterschied an: Wenn der Denkvorgang in den Dienst einer materialistisch-mechanistischen Betrachtung gestellt wird, vollzieht er eine andere Gebärde, als wenn es um ganzheitlich-goetheanistische Betrachtung geht. Im ersten Fall ist es ein *Hineinlegen* in ein Einzelnes, ein *Fokussieren* auf eine

Abfolge, ein *Ausblenden.* Man gelangt so zu sehr präzisen[75] Aussagen. Im zweiten Fall ist es die Bewegung des *Umfassens,* man bleibt verbunden mit dem *Ganzen.* Dabei nähert man sich den exakten[76] Begriffen. Hierzu einige ausführliche Beispiele:

8.2 Wasser — materialistisch-mechanistisch gesehen

8.2.1 Belegmaterial

Ganz besonders ausgeprägt und traditionell gepflegt wird die materialistisch-mechanistische Denkweise in der Chemie angetroffen. Das nimmt auch nicht wunder, denn die Chemie ist die Lehre von den Stoffen. Die Materie selbst ist also Gegenstand dieser Wissenschaft. Schauen wir uns daher an, was eine materialistisch-mechanistische Begriffsbildung bei der Betrachtung der Stoffe, zum Beispiel beim Stoff 'Wasser', zutage fördert, und vergleichen wir dieses mit dem in goetheanistisch-ganzheitlicher Betrachtung Hervorgebrachten.

Drei Quellen eignen sich besonders, um den Gedanken-Gang der in der Wissenschaft Chemie heute üblichen Betrachtungsweise zu belegen: Einerseits die *wissenschaftlichen Monographien* — sie enthalten gesammelt, was man im Detail über den Stoff Wasser weiß, und zeigen damit indirekt auch auf, womit man sich in dieser Wissenschaft schwerpunktmäßig beschäftigt hat. Andererseits ist in den Chemie-*Schulbüchern* und noch pointierter — drittens — in den *öffentlich zugänglichen Medien* sozusagen ein Porträt dieser Wissenschaft angefertigt. Es kommt in ihnen nicht mehr auf die vielen Einzelheiten, sondern auf das Charakteristische an. Wir sehen allenthalben, daß in den Schulbüchern das Wissen besonders gründlich mechanisiert und materialisiert ist.

Chemie hat nicht weniger als die Physik zwei Wurzeln: Philosophie und Handwerk (von Weizsäcker), Forschungstrieb und

----

75) präzis von lat.: praecido = abschneiden, abhauen, zerschneiden, sich kurz fassen.

76) exakt von lat.: exactus = genau, vollkommen ausgeführt.

77) Vgl. [112] S. 170

Bemächtigungstrieb (Wagenschein)[77]. Entsprechend gibt es theoretische und technologische Monographien über das Wasser. Die technologischen lassen wir hier außer Betracht, da bei ihnen praktische Problemlösung und nicht Begriffsbildung im Vordergrund steht.

8.2.2 Wasser — reduziert auf molekulare Wechselwirkung

Mit etwa 3600 Seiten ist F. Franks' „Water — A Comprehensive Treatise" [32] eine solche theoretische Monographie. In ihr ist die Vielfalt an Untersuchungen über das Wasser im Gefolge der theoretischen Fragestellungen, wie die Chemie sie gesehen hat, zusammengetragen. In ihr werden Modellvorstellungen beschrieben, die die Theoriebildung leiteten. Wovon ist — genauer besehen — in diesem sechsbändigen Werk die Rede? „Es ist unser Ziel, einen Überblick über den augenblicklichen Wissensstand von der Natur der molekularen Wechselwirkungen in der Flüssigkeit Wasser zu geben und Bereiche auszumachen, in denen noch mehr Information erforderlich ist." — heißt es in der Einleitung, und etwas später: „Schon die kurze Aufstellung der Fakten über die Lebensprozesse, in denen Wasser eine wichtige Rolle spielt, legt nahe, daß ein besseres Verständnis von der Wechselwirkung zwischen Wasser und gelöstem Stoff auf molekularer Ebene von beträchtlichem Nutzen für die Klärung solcher Probleme wie Enzymkatalyse, biologische Transporterscheinungen und biologische Strukturbildung sein dürfte." — Wasser: zurückgeführt, re-duziert auf „molekulare Wechselwirkung".

Nur in den ersten zwanzig Seiten ist die Rede von Vorkommen und Verteilung des Wassers auf der Erde, von der Bedeutsamkeit des Wassers für das Leben, vom „Platz des Wassers unter den anderen Flüssigkeiten". Die übrigen 3580 Seiten beschäftigen sich eigentlich nur noch mit dem Molekül, nicht mit dem Stoff. Sie enthalten dementsprechend experimentelle Ergebnisse, die vorwiegend mit Spektrographen gewonnen wurden. Die dazugehörenden theoretischen Vorstellungen von der molekularen Struktur des Wassers sind einerseits im Rückgriff auf die Mathematik sehr abstrakt, andererseits in ihren Modellen doch sehr handfest-dinglich.

Und diese dreieinhalb Tausend Seiten sind ja nur eine Zusammenfassung von Forschungsarbeiten, die auf viel, viel mehr Seiten Original-Literatur beschrieben wurden; sie sind Ausdruck nicht nur immenser

Bemühungen, sondern auch immenser *Hoffnung*, endlich (genauer) *zu verstehen*. Diese Hoffnung speist sich aus der festen Überzeugung, daß es in der Welt so zugeht: Wenn ich das Verhalten der Elementarteilchen gründlich genug kenne, verstehe ich das Verhalten der Atome. Und wenn ich etwa das Sauerstoff- und das Wasserstoffatom gründlich kenne, verstehe ich das H_2O- Molekül und wenn ich dieses gut kenne, verstehe ich das Wasser, und wenn ich die H_2O-, Protein- und alle anderen Moleküle gut kenne, verstehe ich das Leben usw. Eine grandiose Selbsttäuschung: Denn welches Wissen über das Proton, Neutron und Elektron führt uns zu den Eigenschaften des Kohlenstoffatoms? Welches Wissen über das Kohlenstoffatom läßt uns ahnen, daß derartig gegensätzliche Stoffe wie Diamant und Graphit beide aus Gleichartigem aufgebaut sein sollen?[78]

8.2.3 Wasser — als ob es ein Uhrwerk sei

In den Monographien muß man diese Denkweise zwischen den Zeilen lesen. Ganz ausdrücklich erhält man sie aber in Film und Fernsehen vorgeführt, für jedermann überprüfbar, weil in den Stadt- und Kreisbildstellen ausleihbar; zum Beispiel in dem in den Schulen viel gezeigten Film „Physik und Chemie des Wassers" [63]. Man müßte sich den Film wirklich selbst betrachten. Der nachfolgend wiedergegebene Sprechertext gibt nur einen unvollkommenen Eindruck, denn es sind ja die (bewegten) Bilder mit dem unterlegten Ton, die vor allem wirken.

Alles fängt in diesem Film jedenfalls genau so an und setzt sich auch so fort wie in der oben erwähnten Monographie, nur auf bildlicher Ebene und sprachlich direkter:

> Sonnenuntergang über einer weiten Wasserfläche, dann in Großaufnahme Wassertropfen aus einer Pipette. Bildwechsel: Ein Brocken Eis schwimmt in einem Glas Wasser. Der (unsichtbare) Sprecher sagt: *„Wasser ist wohl die bekannteste aber zugleich auch merkwürdigste Flüssigkeit der Welt. Wasser ist im festen Zustand leichter als im flüssigen."*

---

78) Wie sich Modellwelt und wirkliche Welt gegenüberstehen, beschreibt Martin Wagenschein besonders anschaulich in seinem Aufsatz „Die beiden Monde" in [110], Seite 463.

Bildwechsel; im Labor auf einer Heizplatte tanzen drei Flüssigkeitstropfen. *„Wenn Wasser erhitzt wird, verdampft es sehr viel langsamer als andere Flüssigkeiten mit Molekülen von etwa gleicher Größe, zum Beispiel Tetrachlorkohlenstoff oder Benzin."*
Die Moleküle sind aufgetaucht.
Oberflächenspannung, Auflösen von Salz oder Zucker, Rosten von Stahl werden ohne nennenswerten Kommentar gezeigt. Tautropfen auf einem Blatt: *„Wasser ist unentbehrlich für alles Leben. Was ist Wasser? Warum ist Wasser eine merkwürdige Flüssigkeit?"* (Ohne Pause weiter:) *Wie können wir uns ein Wassermolekül vorstellen?"*

„Wasser kann aus den Elementen Wasserstoff und Sauerstoff hergestellt werden." Man sieht und hört in einer Laborapparatur eine Knallgasreaktion. *„Wenn Wasserstoff mit Sauerstoff verbrennt, verbinden sich zwei Wasserstoffatome mit einem Sauerstoffatom. Es entsteht Wasser."*
Das bekannte Buchstaben/Ziffer-Bild H_2O erscheint, während auf dem Hintergrund der Formelschrift Wassertropfen an einer Glasscheibe heruntergleiten. *„Diese Formel sagt noch nichts über den Aufbau des Wassermoleküls. Wie verbinden sich Wasserstoff- und Sauerstoffatome zu Wasser?"* Die Buchstaben werden weggeblendet, aber die Tropfen treiben ihr Spiel weiter. Die belehrend-wichtige Stimme des Sprechers verhindert, daß man sich in eine Eisenbahnfahrt bei Regen hineinträumt: *„Ein Atom wird oft als kompakte Kugel dargestellt. In Wirklichkeit ist es weitgehend leerer Raum. Im Mittelpunkt des Atoms ist der Kern. Er trägt fast die ganze Masse des Atoms. Negativ geladene Elektronen umkreisen den Kern mit großer Geschwindigkeit."*

Ein Konglomerat kleiner, feststehender roter und blauer Billardbälle wird von weißen, beweglichen Strichen umrundet. Die Striche bleiben stehen und werden zu Punkten und im Laufe des Films zu kleinen weißen Kugeln: *„Der Kern besteht aus positiv geladenen Protonen und Neutronen ohne Ladung...."* — wir überspringen 2 Minuten Zeichentrickfilm. *„Auf diese Weise kann ein Molekül entstehen. Elektronen der zwei Wasserstoffatome und Elektronen des Sauerstoffatoms schließen gleichzeitig die Lücken in den äußeren Schalen".* Jetzt rasten die Ringe plötzlich laut und vernehmlich ineinander. *„Ein Molekül Wasser ist entstanden."* Und schon sieht und hört man nochmals die Knallgasreaktion in der Kolbenproberapparatur. Beruhigend, daß nun auch atomistisch erklärt ist, warum es *Knall*gas heißt.

Daß der Knall wirklich beim Zusammenprall der Atome entsteht, wird im folgenden nochmals bestätigt: Ringe bilden eine Ebene, aber das Atom ist ja räumlich; die Darstellung von Elektronen, die auf Ringen sitzen, wird abgelöst von einem Bild, bei dem Elektronen (kleine weiße, schnell bewegte Kügelchen) in Wolken gefangen sind, Orbitale nun, die bekannten *„birnenförmigen Wolken"*.

„Zwei dieser Wolken sind immer noch ungesättigt und damit bindungsfähig. Die Wasserstoffatome nähern sich ..." man sieht dies und hört deutlich den dadurch verursachten Geräuscheffekt. Es klingt, wie wenn jemand einen chinesischen Gong geschlagen hätte: *„Eine Bindung ist erfolgt und ein Molekül Wasser ist entstanden."*
Das kleine sprachliche Detail *„ein Molekül Wasser"* (also eine aus Wasser bestehende kleinste Stoffmenge) statt *„ein Wassermolekül"* (also die kleinste Einheit, die das Wasser aufbaut) — dieses kleine sprachliche Detail verrät das grundlegende Mißverständnis des Textautors. Aber selbst davon abgesehen: Solche Details würden sicher nicht erwähnt, wenn man nicht meinen würde, sie *erklärten* das Wasser. Und in der Tat: etwas später, nachdem die Ausbildung von Bindungen zwischen Atomen besprochen wurde, sagt der Sprecher abschließend konstatierend: *„Jedes Wassermolekül zieht benachbarte Moleküle an; die beiden negativen Enden des einen Dipolmoleküls ziehen die positiven Enden von zwei anderen Dipolmolekülen an. Sie bilden Wasserstoffbrücken. Aus der Anordnung der Wassermoleküle ergeben sich also die besonderen Eigenschaften des Wassers"*.

Man ist bei der berühmten *„mit Hohlräumen durchsetzten Struktur"* des Wassers. Der Zuschauer soll den Mechanismus verstehen, warum Eis auf dem Wasser schwimmt.

Wackelnde Kugeln veranschaulichen das Schmelzen des Eises. *„Die Wärmebewegung löst andere Wasserstoffbrücken wieder auf. Der Zustand ist also niemals statisch. Wasser ist ein fester Stoff, wenn alle Moleküle durch Wasserstoffbrücken verbunden sind. Wasser ist gasförmig, wenn alle Brücken aufgelöst sind."* Jetzt verbleicht das wackelnde Kugelgerüst und Wasserwellen — vielleicht die Oberfläche eines Sees — werden sichtbar.

„Das also ist Wasser." Allen Ernstes: „Das also i s t Wasser", sagt der unsichtbare Sprecher mit einer Stimme, die allen Zweifel an der objektiven Richtigkeit dieses Satzes ausschließt. Eisbildung, siedendes Wasser, Oberflächenspannung, die Wirkung der Waschmittel und

andere Erscheinungen werden — quasi als Beweis für die Richtigkeit der gezeigten Vorstellungen mit den bekannten Atom- und Molekülkugeln dargestellt.

Am Ende nochmals eine Zusammenfassung. Sie beginnt leitmotivisch mit der Knallgasreaktion in der Kolbenproberapparatur:
„Wenn sich Sauerstoff und Wasserstoff verbinden, entsteht ein Wassermolekül. Die elektrischen Eigenschaften des Wassermoleküls bestimmen sein Verhalten, im besonderen den Dipolcharakter. Die Verteilung der Ladungsschwerpunkte macht Wasser zu einem nahezu universellen Lösungsmittel. Die negativen und positiven Enden bilden Wasserstoffbrücken, die die Moleküle zusammenhalten. Die Wasserstoffbrücken sind es, die die hohe Oberflächenspannung des Wassers bewirken. Bei normaler Temperatur bilden und lösen sich Wasserstoffbrücken ständig. Dann ist Wasser flüssig. Wasser ist zu Eis geworden, wenn alle Moleküle Wasserstoffbrücken gebildet haben. Die Sechseckstruktur nimmt mehr Raum ein. Eis ist deshalb leichter als Wasser. Weil die Wasserstoffbrücken aufgelöst werden müssen, verbraucht Wasser mehr Wärme beim Verdampfen als andere Flüssigkeiten von gleicher Molekülgröße. Wasser hat die Fähigkeit, Wärme zu speichern. Diese Eigenschaft verhindert übermäßige Temperaturschwankungen auf der Erde und schafft die notwendigen gleichmäßigen Lebensbedingungen. Das also ist Wasser, eine einfache und trotzdem eine außergewöhnliche Flüssigkeit."

Hätte das nach all den Kugeln, Drahtringen und Wolken nicht heißen müssen: „Das also ist Wasser: nichts als ein H_2O-Molekül!"? Überhaupt: Das *„also"* hat es in sich, weil „also" nicht zu weiteren Fragen ermuntert, etwa: Warum sind die Aggregatzustände so scharf von einander getrennt, warum gibt es nicht einen Zustand, wo sehr viele, aber nicht alle Wasserstoffbrücken gebaut sind, Wasser im Zustand zwischen Flüssigkeit und Eis, als zäher Gelee? Warum gibt es Unterkühlungen, Wassertröpfchen zum Beispiel bei -35°C, aber immer noch flüssig?

8.2.4 Wasser — die hineinprojizierten Eigenschaften

Elementarteilchen → Atome → Moleküle → Stoffe: das erste erklärt das zweite und so weiter. Dieser Film ist keine Ausnahme, er ist symptomatisch. Es gab 1975 eine Fernsehsendung des ZDF [7], die genauso vorging; sie unterscheidet sich in Aufbau und Weltschau so gut wie nicht von dem besprochenen Film.

Wer ganz in dieser Art zu denken lebt, kann sich oft nur schwer vorstellen, was an dieser Art Gedankenführung eigentlich bedenklich sein könnte. Gewiß, man habe vereinfachen müssen, aber dadurch habe man ja Wesentliches herausarbeiten können. Diese Art, die Welt zu sehen, ist so verbreitet, man ist so vertraut mit ihr, daß zunächst gar nicht verstanden wird, wenn erkenntnistheoretische Zweifel geäußert werden. Das Umdenken ist ungeheuer schwer.

Woran entzünden sich die Zweifel? All das, was in den jeweils sehr kurzen Vorspannen der Monographien und Medien noch rudimentär vorhanden ist, der Bezug zur Welt, ihn legt man *in* den Stoff *hinein*. Wenn man einen Chemiker bittet, Wasser zu charakterisieren, wird er sagen: Wasser – ein Stoff mit der Dichte 1,0 g/cm^3, Siedepunkt 100 °C, Schmelzpunkt 0 °C, jeweils bei 1 Atmosphäre Druck, Brechungsindex n_D^{20} = 1,3328034, Molwärme 4,18 J/g·K. Zusammensetzung H_2O

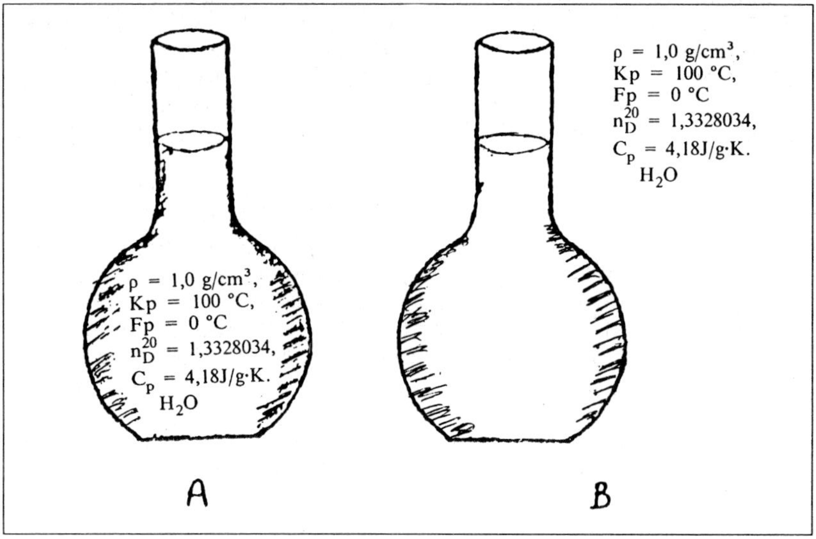

Abb. 21. Charakterisierungen von Wasser?

Und wenn man ihn fragt, ob es sachgemäß wäre, diese Angaben in den

Kolben (der das Wasser symbolisieren soll) (*A*) oder außerhalb des Kolbens (*B*) zu schreiben, wird er es in den Kolben hineinschreiben und dennoch meinen, dieses so beschriebene Wasser träte als reine Erfahrung vor uns. Man macht sich dabei nicht klar, daß man keine dieser Angaben machen konnte, ohne das Wasser in Beziehung zur Welt zu setzen, und daß dabei ein Zweites hinzugetreten ist: das Denken. „Unser Denken ist *Betrachtung*, das heißt es richtet den Blick nach außen auf ein Gegenüberstehendes."[79]

Wenn man das Charakteristische des Wassers wie oben in der Abbildung 21*A* beschreibt, hat man bereits kräftig selektiv ausgeblendet. Man hat Wasser reduziert auf zahlenmäßige Angaben. Man hat das Wasser also von der Außenwelt in doppelter Weise isoliert, einmal, indem man alles, was nicht so leicht zahlenmäßig erfaßbar ist, abgeschnitten, und zum anderen diesen kläglichen Restbestand an Außenwelt sozusagen in die Materie hineinprojiziert hat. Wegen dieses Vorgangs sprechen wir von einer „materialistischen" Betrachtungsweise. — Die „mechanistische" geht von der Prämisse aus, daß alle diese Charakteristika zwingend aus den Eigenschaften und dem Zusammenwirken der Moleküle und Atome resultieren, genauso wie der Zeigerlauf einer mechanischen Uhr aus Form und Anordnung der Zahnrädchen und Gewichte und so weiter resultiert. Das hatte der Film deutlich illustriert.

Diese Darstellung der Naturwissenschaften, zum Beispiel in den Lehrbüchern der Chemie oder in den erwähnten Medien, wird von einer Tendenz geprägt, die Atome, Moleküle und Elementarteilchen selbst als kleine Materiegebilde anzusehen mit (fast) allen uns geläufigen Eigenschaften: als kleine Kügelchen, die im leeren Raum hin und her wimmeln. Auch dies ist eine Projektion ins Materielle, nur von der anderen Seite her. In den Schulbüchern und Medien also eine *doppelte* Bewegung zum Materialistischen hin: Das Ausmaß der Verzerrung, das der zu früh gelehrte und verdinglicht gebliebene Atomismus erzeugt und seine *doppelte* Bewegung zum Materialistischen hin, ist ausführlich im Kapitel 6 dargestellt.

---

79) [99] Seite 23/24, vgl. auch Kapitel 2.

8.3 Zwischenspiel: Was man aus der Amputation eines Gedichtes lernen kann

GESANG DER GEISTER
ÜBER DEN WASSERN

Des Menschen Seele
Gleicht dem Wasser:
Vom Himmel kommt es,
Zum Himmel steigt es,
Und wieder zur Erde muß es,
Ewig wechselnd.

Strömt von der hohen,
Steilen Felswand
Der reine Strahl,
Dann stäubt er lieblich
in Wolkenwellen
Zum glatten Fels,
Und leicht empfangen
Wallt er verschleiernd,
Leisrauschend
Zur Tiefe nieder.

Ragen Klippen
Dem Sturz entgegen,
Schäumt er unmutig
Stufenweise
Zum Abgrund.

Im flachen Bette
Schleicht er das Wiesental hin,
Und in dem glatten See
Weiden ihr Antlitz
Alle Gestirne.

Wind ist der Welle
Lieblicher Buhler;
Wind mischt vom Grund aus
Schäumende Wogen.

Seele des Menschen,
Wie gleichst du dem Wasser!
Schicksal des Menschen,
Wie gleichst du dem Wind!

J. W. von Goethe

Im letzten Abschnitt war sehr ausführlich am Begriff 'Wasser' aufgezeigt worden, wie materialistisch-mechanistische Naturwissenschaft sich ständig übt im Ausblenden, im Fokussieren auf Einzelheiten, im Konstruieren von (vermeintlichen) Kausalketten, die wie mechanisches Räderwerk funktionieren. Wer einmal einen Unterrichtsfilm wie den im Abschnitt 8.2.3 besprochenen intensiv betrachtet hat, wird an sich selbst verspürt haben, daß man sich dabei nicht angesprochen, sondern vereinsamt und verlassen fühlte. Von einem Mitschwingen seelischer Empfindungen konnte keine Rede sein. Die Sprechertexte atmeten Kälte aus.

Man mache sich einmal klar: Es wurde ein *Lehrmittel* für Kinder und Jugendliche vorgestellt. Solche Lehrmittel sind weit verbreitet und nicht Ausnahmen, sondern symptomatisch. Daß solche zu toter Begriffsbildung führende Darstellung gewollt ist, zeigt der Umgang von Schulbuchautoren eines Lesebuchs für den Deutschunterricht der Grundschule mit einem Gedicht Goethes.

Wir besitzen von Goethe im Gedicht „Gesang der Geister über den Wassern" eine wundervoll dichte Schilderung des Prozessualen, des ständig Metamorphosierenden im Wasser: Das Wasser, dessen Wesen wir nur erfassen können, wenn wir es in seinen mannigfaltigen Gestalten wahrgenommen haben, das Wasser — zugleich ein Bild des Seelisch-Geistigen.

Es ist wohl symptomatisch, wie dieses Gedicht in einem Lesebuch für die 4. Klasse [49] amputiert wurde. Man findet dort:

DAS WASSER

Vom Himmel kommt es,
Zum Himmel steigt es,
Und wieder nieder
Zur Erde muß es.
Ewig wechselnd.

J. W. Goethe

Nur diese fünf Zeilen, ohne jeden Hinweis auf die vorgenommene Kürzung! Auch dieser Vorgang ein Bild: ein Bild der Ausblendungen. Dieses Wasser im amputierten Gedicht durchläuft nur noch einen Kreislauf, bleibt aber invariant, bleibt unveränderlich. Nur der Stoff Wasser(als $H_2 O$ gedacht?), nicht einmal das sinnlich Erfahrbare zählt; seine Wandlungen, sein Bild für das Seelisch-Geistige sind lästig für ein materialistisches Weltbild.

8.4 Wasser — goetheanistisch-ganzheitlich gesehen

Die Darstellung einer goetheanistisch-ganzheitlichen Begriffsbildung muß in diesem Aufsatz natürlich genauso skizzenhaft bleiben wie die Schilderung des materialistisch-mechanistischen Gedankengangs im vorletzten Abschnitt.

Wenn wir „Wasser" ganzheitlich fassen wollen, werden wir alle Situationen und Zusammenhänge, in denen wir dem Wasser begegnen, nebeneinander stellen müssen. Diese Begriffsbildung ist damit auf *Bilder* angewiesen, auf vielfältige, naturgetreue und auf guter Beobachtung beruhende Bilder. Je reichhaltiger und umfassender die Fülle dieser *Erfahrung,* desto umfassender wird sich der Begriff 'Wasser' bilden. Auch wenn solche Bilder Seelisches in uns anklingen lassen, sind sie doch ihrem Wesen nach wertneutral. Die Erfahrung können wir aber abschneiden, einengen und manipulieren, wenn wir zulassen, daß Wertungen sie steuern. Es gehört zur goetheanistisch-ganzheitlichen Begriffsbildung, alle Erfahrung als gleichwertig anzusehen.

Unser Wissen — der Begriff 'Wasser' — bildet sich erst, wenn wir diese Erfahrung *im Zusammenhang* denkend betrachten. Je reichhaltiger die Erfahrung, desto exakter der Begriff. Beim Wasser in seiner unendlichen Vielfalt hätten wir ein Leben lang daran zu tun. Ganzheitliche Begriffsbildung ist also nie abgeschlossen, ist ein steter *Prozeß*.

Soll der Begriff 'Wasser' bedeutsam für uns sein, werden wir die Betrachtung bei besonders einschneidenden Begegnungen mit dem Wasser ansetzen. Zum Beispiel können wir der Frage nachgehen: Wie nähert sich der Mensch dem Wasser? — Vor seiner Geburt ist Wasser rings um ihn und in ihm. Erst allmählich bildet sich aus dem Flüssigen das Feste des Körpers. Nach der Geburt ändern sich die Verhältnisse drastisch; danach kann man nur noch auf sehr ausgeklügelte Weise längere Zeit ganz im Wasser eintauchen. Der Mensch wird viel stärker auf Wasser angewiesen sein, als auf feste Nahrung; das zeigen uns Menschen, die in Hungerstreik treten.

Wir finden viel Wasser auf der Erde vor, das meiste davon salzhaltig (wie das Blut). Und die Meere verläßt das Wasser ganz ohne das, was es als Fluß hineingetragen hat. Regenwasser können wir nicht in größeren Mengen trinken, ohne krank zu werden. Der Leser mag solche hier nur anklingende Gedankengänge *selbst* weiterverfolgen. Er wird nicht darum herumkommen, das Wasser in ständiger *Wechselwirkung* mit Luft und Erde zu sehen. Seine Mittlerrolle zwischen Gasförmigem und Festem, seine Zwischenstellung zwischen Dampf und Eis wird ihm klar werden und vielleicht auch, daß wir nur für diesen einen Stoff so viele eigenständige Worte in unserer Sprache haben: Eis, Wasser, Dampf, Schnee, Tau, Nebel. Und im Nebeneinander mit den Erfahrungen, die an den anderen Stoffen gemacht wurden, wird klar herauskommen, wie einzigartig Wasser in seinen Eigenschaften ist. Es wird eine Frage *bleiben*, warum dies so ist.

Wer sich auf diese Denkbewegung einläßt, wird einen Begriff von „Wasser" bilden als *Element* im umfassenden Sinn des Mittelalters. Das Wasser wird ihm eine *Einheit* sein[80]. Erst die Manipulation zwingt es zur Trennung: Bei der Elektrolyse des Wassers wird er zur Kenntnis

----

80) Diesem Gesichtspunkt hat J. Weninger durch die Wortschöpfung „Einung" und „Enteinung" (für chemische Synthese bzw. chemische Zersetzung) Rechnung getragen. Vgl. [117]

nehmen, daß der durch und durch einheitliche Stoff „Wasser" durch die Wirkung des Stromes zerstört wird und dieser Zerstörungsprozeß zugleich der Entstehungsgrund ist von zwei anderen Stoffen mit ganz anderen Eigenschaften, die im Wasser vorher gar nicht vorhanden waren. Sein schauender Blick wird vielleicht auf eine ähnliche Zerstörung gerichtet werden: auf die Wirkung der grünen Blätter, die auf Kosten des Wassers den für uns lebensnotwendigen Sauerstoff produzieren, und danach vielleicht auf uns selbst, die wir diesen Bildungs- und Zerstörungskreislauf mit der Bildung von Wasser in unserem Blut schließen.

Hier mag abgebrochen werden. Sehr anregende, ähnlich skizzenhafte Überlegungen findet man bei Fritz Julius in Band I von „Stoffeswelt und Menschenbildung" [39] oder bei Eugen Kolisko [44], ausführlicher in jüngster Zeit bei Georg Kniebe in [43]. Eine Monographie über das Wasser in der geschilderten Art mit einer Fülle goetheanistisch-ganzheitlicher Erkenntnisse liegt in Theodor Schwenks „Das sensible Chaos" [89] vor. Es beginnt so:

> „Wo immer das Wasser auftritt, zeigt es das Bestreben, in die Kugelform zu gehen. Es hüllt die ganze Erde als sphärischer Weltenkörper ein und umgibt auch jeden Gegenstand mit einer dünnen Hülle. Als Tropfen fallend schwingt das Wasser um die Form der Kugel, oder als Tau in einer klaren Sternennacht abgeschieden, verwandelt es ein unscheinbares Wiesenstück in einen Sternenhimmel funkelnder Wassersphären."

Ein solcher Anfang charakterisiert augenscheinlich das ganzheitliche Anliegen[81]. Wer sich mit den Ergebnissen goetheanischer Naturwissenschaft, wie sie in Schwenks Buch ausgebreitet sind, nicht begnügen mag, sondern goetheanische Begriffsbildung als Vorgang in sich selbst erleben möchte, sei auf das nachfolgende Kapitel 9 verwiesen.

---

81) Es ist eben dieses Anliegen, wenn in Kapitel 3.3 im pädagogischen Zusammenhang betont wurde, daß der Chemie-Anfangsunterricht an Waldorfschulen das innerliche Verbinden von bildhaften Vorstellungen bewußt und ausdrücklich pflegt.

8.5 Unterschiedliche Bemühungen um Objektivität

Martin Wagenschein, der immer wieder den Aspektcharakter der Physik betont und auf ihre Ausschnitthaftigkeit hingewiesen hat, hat sehr hübsch am Beispiel der Gasgesetze dargestellt, wie physikalische Begriffsbildung im mechanistisch-materialistischen Sinn vor sich geht; im Kapitel 2.6 hatten wir sein Beispiel in Abbildung 5 unter der Frage der Erkenntnismethode schon einmal betrachtet. In unserem Zusammenhang jetzt geht es mehr um das, was mit dem Erkenntnisinhalt angestellt wird. Sehr schön wird dort die notwendige Ausblendung der Welt deutlich: *„Temperaturänderungen seien ausgeschlossen."* Genau das ist es aber, was nicht ausschließbar ist. Das, was wir der Luft in der Luftpumpe antun, wirkt auf die Welt, ob wir es wollen oder nicht: Wenn wir die Luft zusammendrücken, wird sie warm und die Welt wird — unausweichlich — dadurch auch wärmer. Ebenso symptomatisch ist der Satz *„Aber das Ich muß heraus, der Mensch überhaupt."* Das ist nicht nur eine methodische Frage, es ist auch eine inhaltliche.

Damit ist zugleich eines der wesentlichen Ideale von Wissenschaft überhaupt angesprochen: Ihre *Objektivität* — ein Ideal *beider* Begriffsbildungsrichtungen. Zwischen der von Wagenschein notierten 1. und 3. Fassung (Abb. 5) wird der Schnitt deutlich, der zur Herstellung der Objektivität gemacht wird. Aus materialistischer Sichtweise heraus ist ein Abschneiden von der individuellen Erfahrung des Menschen (1. Fassung) notwendig: Dies geschieht dadurch, daß menschliche Erfahrung ersetzt wird durch eine der Materie unterlegte Aktivität. Unbefriedigend an dieser 2. Fassung ist ihr Animismus. Daher wird die Aktivität der Luft in der 3. Fassung ersetzt durch eine Beziehung zwischen Eigenschaften dieser Materie.

Auch goetheanistisch-ganzheitliche Begriffsbildung beginnt mit der reinen Erfahrung der 1. Fassung: Auch sie strebt Objektivität an. Die Objektivität stellt sie dadurch sicher, daß möglichst viel (unbewertete) Erfahrung in den Blick genommen wird. Wenn da gesagt wurde: *„Dann geht das immer schwerer"*, so ist hiermit ja bereits eine Vielzahl von Einzelerfahrungen gefaßt. Das Nebeneinander der Einzelerfahrungen ermöglicht das Erkennen des Zusammenhangs: „Je mehr Druck — in den einfachen luftpumpenähnlichen Fällen — ausgeübt wird, desto kleineren Raum beansprucht das Gas." Das sieht auf den ersten Blick aus wie eine Variante der 3. Fassung im Wagenscheinzitat (Abb. 5), ist aber am Ende doch eine andere Aussage, eine Aussage, die versucht, Bezüge zum Ganzen stehen zu lassen; die Wortwahl berücksichtigt zum Beispiel, daß der Druck des Gases seinen *Gegendruck* in der Welt hat.

Aus goetheanischer Sicht *kann* das „Ich" gar nicht aus dem Spiel bleiben. Es hat — zur Gewährleistung der Objektivität — dafür Sorge zu tragen, daß möglichst wenig Emotionen die Erfahrung beeinträchtigen; es stellt die Erfahrungen über den betrachteten Gegenstand oder Vorgang so nebeneinander, daß sie möglichst ungestört ihre Zusammenhänge offenbaren können. Mit dem *Denken* nimmt das Ich die Zusammenhänge wahr (zum Beispiel das Verhältnis von Druck und Volumen). Sinnliche Wahrnehmung und Denken werden *beide* zur Begriffsbildung benötigt. Je nach wissenschaftstheoretischer Grundposition wird das Verhältnis beider zueinander allerdings verschieden gesehen. Wir sind dieser Frage bereits im 4. Kapitel ausführlicher nachgegangen.

8.6 Unterschiedliche Zugriffe

Wir haben zu Anfang dieses Kapitels mit der Unterscheidung zwischen 'präziser' und 'exakter' Begriffsbildung auf die unterschiedlichen Weisen der Begriffsbildung aufmerksam gemacht: Den Rhein zu begradigen, die Malaria ausrotten zu wollen, ein Raumschiff in die Erdumlaufbahn zu bringen — das erfordert konzentrierte Denkakte, erfordert Fokussierung auf das Wesentliche. Ein Bedenken der Folgen auf die Umwelt liegt außerhalb des gesetzten Zieles. Das Wissenschaftsideal *präziser* Begriffsdefinitionen kommt solchen Anforderungen ebenso entgegen wie der Reduktionismus, den wir im Abschnitt 8.2 belegt haben.

Exakte Planung (zum Beispiel eines Kraftwerks), also die ausgefeilte Planung , die ausgiebige Folgeanalysen mitumfaßt, ist erst eine Forderung der letzten Jahre. Entsprechend hat „vernetztes", „laterales" oder „ganzheitliches" Denken noch verhältnismäßig wenig Beachtung und noch weniger Anwendung in den Naturwissenschaften gefunden. Die Technik und die Naturwissenschaften zeigen hierin parallele Entwicklung. Der naturwissenschaftliche Unterricht außerhalb der Waldorfschulen fühlt sich noch dem Ideal präziser (materialistisch-mechanistischer) Begriffsbildung verpflichtet. Eingerahmte Merksätze in den Schulbüchern sind Ausdruck solchen Strebens nach Präzision. Eine ganz bestimmte Objektivitätsvorstellung steht dahinter (vgl. Abschnitt 8.5).

Mit diesem Zugriff ist beim Lernenden eine (gewünschte) Distanzierung vom Zufällig-Individuellen verbunden. Nicht bedacht wird dabei, daß sich zugleich auch eine Distanzierung von der Sache ebenso wie von der Welt vollzieht. Nicht bedacht wird, daß fertige Definitionen zum Memorieren, statt zum (denkenden) Lernen verleiten.

Die Wirkung dieses Zugriffs ist eine affektive Abkoppelung, ist Wert- entleerung. Damit lockert man zugleich das Weltinteresse, die Weltverbundenheit des Lernenden. Nach innen äußert sich dies in einem Gefühl der persönlichen Bedeutungslosigkeit der Physik oder Chemie — bedeutungslos im doppelten Sinn: „Die *Erkenntnisse* der Physik (Chemie) sind für mich wirklich ohne Bedeutung", und: „ *Ich* bin angesichts der Erkenntnisse der Physiker (Chemiker) bedeutungslos". Nach außen betrachtet mögen zum Zustand der Welt (mangelnde Rücksichtnahme auf unsere Mit- und Umwelt) eben die hier geschilderte Denkhaltung und Denkgewohnheit beigetragen haben. Wir meinen, daß goetheanistisch-ganzheitliche Begriffsbildung hierzu ein Gegengewicht bildet. Sie soll nicht den analytischen Zugriff ersetzen, sondern ihm vorausgehen und ihn ergänzen. Sie soll dazu erziehen, die Welt mitzubedenken, sich für Folgen verantwortlich zu fühlen — in einer Welt, in der man auch erlebnismäßig verwurzelt ist.

Der Sonnenschein
Phänomenologische
Naturwissenschaft und
Anthroposophie

9.
Der Sonnenschein

Phänomenologische Naturwissenschaft und Anthroposophie

9.1 Fragehaltung und Eigentätigkeit

Wenn sich das Wesen des Sonnenlichts in der Beleuchtung des Tages ausdrückt, dann müßten es *alle kennen.* Jeder, der beobachten kann, müßte den Wesen und Kräften der Natur begegnen, wenn er sich hineinstellt. Aber wer das tut, *findet nichts.* Bloße Betrachtung der Phänomene führt ja nicht in sie hinein. Was aber ist dann Phänomenologie[82]? Muß man sich zu den wesentlichen Kräften noch extra hinbegeben oder vielleicht aus mythischem Suchen sich eine die Gegenstände wie umschwebende Hintergrundwelt aufbauen, ausgestattet mit vielerlei Wesen, die nicht miterscheinen? Oder heruntersteigen zur Untergrundwelt der Atome, mit ihren Gittern, ihren Schwingungen — die alles verursachen, aber ebenfalls nicht erscheinen?

Im Folgenden soll versucht werden, in der Erkenntnistätigkeit selbst Stellen zu bezeichnen, die aus der fremd bleibenden Betrachtung hinüberführen zum Erleben von Wesentlichem — ohne Zusatzannahmen, weder über noch unter dem Teppich der Wahrnehmungen.
„Hinüberführen" — jeder liest wohl „geführt werden", und das klingt verheißungsvoll. So wird es aber nicht gehen. Nur im bewußten, eigenen Wahrnehmen lebt jene Tätigkeit auf, in der sich Wesenhaftes ausdrückt: vom Wahrnehmenden selbst getan, nicht gefunden. Es kommt darauf an, daß der Leser selbst beobachtet, darin denkt und ordnet.

---

82) Wir meinen hier mit Phänomenologie (phänomenologische Naturwissenschaft) nicht Husserls philosophischen Ansatz, sondern Goethes Erkenntnismethodik.

9.2 *Was ist Beleuchtung?*

Wer sich zu wissenschaftlicher Betrachtung erheben will, wird meinen, daß er bei Beleuchtungserscheinungen folgendermaßen zu denken habe: Erstens gibt es eine bestimmte Lichtquelle in feststellbarer Position; sie sendet Licht aus. Das quasi feinstofflich heranströmende Licht trifft die Gegenstände, die greifbar herumstehen. Da prallt es auf. Nun werden die Gegenstände hell und man sieht sie. — Wenn man so denkt, ist Beleuchtung gar kein *eigenes* Phänomen in unserer Umgebung, sondern nur eine Wirkung *anderer* Phänomene. Selbständige Tatsachen sind dann nur die Gegenstände, die Lichtquellen und der Energiestrom. Beschreibe ich ihre räumliche Lage, so habe ich alles. Was schließlich gesehen wird, folgt daraus zwangsläufig.

Der geschilderte Gedanke degradiert die wirkliche Erscheinung — etwa den Anblick eines besonnten Waldrandes — zu einer notwendigen, bis in alle Einzelheiten von woanders verursachten Äußerlichkeit. Wie kann das Angeblickte dann noch Ausdruck von etwas Wesenhaftem sein, das sich vor mir entwickelt und hier wirkt, wenn es doch vollkommen gekettet ist an die von fern herkommenden Ursachen? Man lebt im Banne solcher Konstruktionen nicht mehr im Phänomen, sondern in den Vorstellungen seiner *anderweitigen* Ursachen. Diese gelten einem dann als die eigentlichen Tatsachen. Vorstellungen drohen, sich vor die Welt zu schieben und diese belanglos zu machen.

Um von Einengungen wegzukommen, entwickeln wir zunächst einen *Gegengedanken.* Wir denken uns, der *Anblick* des besonnten Waldrandes sei als solcher unmittelbar aus dem Weltprozeß hervorgebracht. So wie ich den Waldrand sehe, ist er ursprüngliches und zugleich endgültiges Phänomen. Es ist eine zweite Tatsache, daß mit ihm in bestimmter Höhe die Sonne sichtbar wird, und eine dritte, daß beim Herantreten an den Waldrand Gegenstände greifbar werden — wobei ja im Nähergehen ganz andere Anblicke auftreten. Der Weltprozeß im Tageslauf und im Jahresgeschehen bringt den Anblick des Waldes und den der Sonne *zugleich* hervor — und nicht *erst* den Sonnenstand und *dann* (als mechanische Folge der „Lichtausbreitung") die Gegenstandsbeleuchtung. Der Jahreslauf ist — so betrachtet — nicht mehr eine periodische mechanische Sonnenstandsführung, vielmehr bringt die Gesamtheit der erlebten Beleuchtungsphänomene erst den inhaltsvollen Begriff „Jahreslauf" hervor.

Schaut man sich, ohne in Ursachenvorstellungen stecken zu bleiben, unvoreingenommen um, so bemerkt man in besonnter Landschaft drei verschiedene Phänomene:

- Es gibt die Blickrichtung mit der Sonne im Rücken. Man sieht eine voll aufgehellte Szenerie.
- Quer dazu hat man die Sonne seitlich; Licht und Schatten wechseln über das ganze Raumgebiet.
- Steht die Sonne vor einem, so ragen dunkle Gegenstände ins Licht.

Indem man sagt: Die drei Phänomene träten doch nur zufällig auf, eben je nachdem, wie gerade die Sonne scheint und ich den Kopf halte, sie seien nur Aspekte derselben Sache — daß die Sonne scheint —, so schneidet man sich das Eindringen in den optischen Ausdruck der Welt ab. Jede der drei Blickrichtungen ist ein eigenes Phänomen. Es verbindet uns auf jedesmal andere Weise mit der Welt.
Daß die drei stets gemeinsam auftreten, ja, sich im Tageslauf von selbst in einander verwandeln, prägt den *Gedankenzusammenhang* der Phänomene, zu dem wir hinfinden wollen, es beseitigt nicht die einzeln erlebten Tatsachen.

9.3 Blickrichtungen

a) Wir stehen am frühen Vormittag, zum Beispiel des Monats August, in der besonnten Landschaft[83]. Zunächst wenden wir uns von der Sicht auf die Sonne ab, schauen also *mit* der Sonne auf das Land. Um den Schatten unseres Kopfes auf dem nahen Gras oder auf einem Busch sehen wir viel Helles. Die Blätter am Gebüsch sind hell, fast etwas weißlich. Obwohl sie hintereinander angeordnet sind, scheinen sie in einer Ebene zu liegen, wie ein heller farbenreicher Teppich. Und in der Ferne nehmen Himmel und Erde am Horizont ungefähr gleiche Helligkeit an. Die Welt ist einheitlich, kontrastarm, fast wie auf einem Vorhang gemalt. Es sind kaum Löcher oder dunkle Stellen da. Volle Schattenbilder, sozusagen Silhouetten von diesem auf jenem, treten

---

83) Den Anblick der Welt im Sonnenschein verarbeitete bereits G. Maier erkenntnismethodisch. Auf diesen und weiteren Vorarbeiten Maiers fußt die vorliegende Darstellung. Vgl. auch [56].

überhaupt nicht auf. Bis auf schmale dunkle Streifen ist unser Kopf in diesem Bereich der einzige voll ausgebildete Schatten; er wirkt massig, fast störend gegenüber dem fein gegliederten hellen Teppich.

Der Teppich ist für den Blick dünn und zart, eigentlich ungegenständlich. Wer genau mit der Sonne auf Gras, Stauden oder Gebüsch schaut, weiß nicht sicher, auf was er gerade sieht: Die Gegenstände treten als räumliche nicht in Erscheinung. Sie haben keine deutliche Entfernung von mir. In diesem unräumlichen Schein könnte man sich nicht recht mit den Händen zu schaffen machen. Man hat keinen gegenständlichen Ansatzpunkt zum Zufassen und Arbeiten. Man kommt mehr in ein schauend-schwebendes Erleben. Die Beleuchtung wirkt an dieser Stelle so, als wäre man selber ein leuchtender Körper, eine riesige schwebende Lampe und kein Wesen mit Gliedern. – Zum Glück hilft dann der dicke Schatten unseres Kopfes, dazubleiben.

b) Dann wenden wir den Blick der Sonnenrichtung zu, drehen uns ganz um. Die Sonne mag noch niedrig stehen. Täler und Senken füllt sie mit feinem, weißem Dunst. Hügelränder und Bäume schneiden dunkle Formen aus dem leuchtenden Himmel. Aufglänzende Blätter vergrößern den Kontrast. Die Farben der Gegenstände werden dumpf, erdhaft; die feinen Unterschiede verschwinden. Man erlebt mehr ein Undurchdringliches, Dichtes. Man fühlt sich wie hinter einer feinziselierten Mauer. Der Tastsinn wird leise aufgerufen. Nicht die differenzierten räumlichen Gestalten und die äußeren Farben der Gegenstände erscheinen, sondern die undurchdringliche Silhouette, im Bild irdischer Masse und Schwere. Die durchscheinenden Farben im Inneren der Blätter leuchten in sattem, dichtem Grün auf. Und weiter hinten im aufscheinenden Dunst erleben wir die einzelnen Senken der Erde als eigene Lufträume; es trennt sich etwas in der Luft ab. Die Gegenstände aber erscheinen vereinigt als Teile der großen, dunklen Erde. Die Erde türmt sich auf.

Um den Eindruck noch krasser zu haben, können wir uns vorstellen, es sähe *ringsum* so aus, wie in der einen Richtung. Man sähe zum Beispiel *überall* ins ausgebreitete „Gegenlicht", wäre also von Schattenhaftem umgeben. Man wäre dann wie in einer Grube, in einem Steinbruch. Während wir uns vorhin beim Blicken *mit* der Sonne aus dem tätigen Leben mit den Gegenständen der Erde herausgehoben fühlen konnten, sind wir nun mit dem Blick *zur Sonne hin* wie tief in das Irdisch-Gegenständliche hineingesunken. Die massigen Gegenstände erscheinen zu dunkel und unbezwingbar, als daß man mit ihnen leichthin hantieren könnte. Wir sind wiederum, aber auf ganz andere Art, vom einfachen Verkehr mit der Welt abgeschlossen.

c) Als drittes blicken wir quer zur Sonnenrichtung. Ein Feld von reizvollen, wechselnden Schatten und hellen Flächen wird sichtbar. Helles und Dunkles spielt in einander. Die Gegenstände heben sich plastisch hervor, denn eine Seite ist besonnt, die andere sonnenabgewandt und schattenartig dunkel. Indem auch noch der eine Gegenstand auf den anderen seinen Schatten wirft, drückt sich die Stellung der beiden zueinander aus. Man überschaut die räumliche Struktur eines ganzen Gebiets mit einem Blick. Man kann leicht in das Gebiet hineingehen und sich dort zu schaffen machen.

Während in den beiden vorigen Fällen die Dinge einheitlicher wurden — als Schleier oder als Mauer erschienen —, so sind sie hier sehr abwechslungsreich beleuchtet und damit gegliedert. Es ist aber nicht das beziehungslose, gegenständlich tote Nebeneinander unter trübem Himmel. Die Schattenformen verweben das Bild eines Dings mit dem anderen und geben eine gemeinsame Richtung. In dieser Welt, die von Hell und Dunkel abwechselnd durchklungen ist, in der die Gegensätze zum Ausgleich kommen, sind wir eigentlich zu Hause. Diese Ansicht ist die echte Tagesseite der Welt. Hier kann man im Einklang mit allem leben und wirken.

Man kommt den Eigentümlichkeiten der Blickrichtung auf die Spur, wenn man zum Beispiel eine Szenerie *gegen* die Sonnenrichtung betrachtet, und darin sich vorzustellen sucht, wie dasselbe *mit* der Sonnenrichtung gesehen ausschauen würde. Man kann versuchen, den konkreten Übergang durchzuführen. — Üblicherweise sind natürlich in der Ansicht einer der drei Blickrichtungen Elemente der anderen beiden mit enthalten. Das darf einen nicht im Prinzipiellen verwirren.

9.4 Die Lage des Betrachters

Es erscheinen also drei Ansichten der Welt um uns herum, nach den drei Richtungen der Sonne. Mit ihnen leben wir uns in dreierlei Arten des Fühlens und Handelns in die Welt ein. Dies geschieht zunächst unbewußt. Es geschieht auch dann, wenn wir gedankliche

Betrachtungen dazu gar nicht anstellen — zum Beispiel diesen Artikel gar nicht gelesen haben. Wir leben einfach als ganzer Mensch in den aufscheinenden Wahrnehmungsbildern unserer Umgebung, in ihrem atmosphärischen Charakter — auch wenn wir für Geographie und Naturkunde später nur bestimmte Sachen aus der Welt herausgreifen, die wie selbstverständlich beleuchtungsunabhängig vorgestellt werden.

Das Leben in der Erscheinung läßt sich zusammenfassend etwa so charakterisieren: Wende ich mich diametral von der Sonne am Himmel *ab* und blicke auf die Erdendinge, so hebt mich der unräumliche helle Teppich aus dem Dunkel und aus der Gegenständlichkeit der Erde empor. Das Gesehene hat die Tendenz, vereinheitlicht, schwerelos, unirdisch, mehr himmelsnah zu sein; obwohl ich meinen Blick vom Himmelshellen gerade ab- und der Erde zuwende. Tastsinn und Bewegungssinn werden kaum aufgerufen. Ich werde leicht und willenlos, weil Widerstand fehlt, werde *bloßer Betrachter*. Würde ich mich darin ganz verlieren, so wäre es einem Schweben vergleichbar — natürlich nur tendenziell.

Blicke ich zur Sonne am Himmel *hin*, so tritt gerade die irdische, schwere Seite der Welt stark heraus. Das Gesehene kann vereinheitlicht und massig wirken; es erscheint himmelsfern, mehr irdisch. Der Tastsinn wird aufgerufen (und andere untere Sinne). Und ein Handeln ist nur aus *starkem Impuls* möglich, als müsse man gegen die dunklen Massen anrennen. Würde ich mich ganz in diesen Eindruck verlieren, so wäre es wie ein Sinken in die Erde.

Schaue ich in die dazwischen gelegene Richtung und habe die Sonne *zur Seite*, liegt die Welt wechselnd besonnt und abgeschattet in ihrer Vielfalt einladend vor mir. Darüber steht bei klarem Wetter das schönste Himmelsblau. Mein Empfinden schwingt mit den wechselnden Eindrücken hinaus und zurück. Ich kann mich *handelnd einleben*, frei von der dunklen, engen Masse der Erdentiefe — und doch im Schattigen Halt findend zwischen den sehr hell hervortretenden Dingen der Welt.

9.5 Der Schritt von bloßer Phänomenologie zur Anthroposophie

Kann man das Beschriebene im Erleben der Welt fruchtbar machen, so wäre ein erstes Ziel phänomenologischer Naturbetrachtung erreicht:

Der Mensch stünde sicher in seiner Welt. Die Phänomene wären nicht nur äußerlich geordnet, sondern man könnte sich ihnen mit seinem vollen Dasein bewußter zuwenden. — Denn was nützt es, nur wach gegenüber der Welt zu sein, sich selbst aber zu verschlafen?

Diese Bewußtheit in der Zuwendung läßt uns das eigene Stehen in den Ansichten, wie sie von der Sonnenrichtung geprägt sind, einmal als *„Überschau"* charakterisieren, in der anderen Richtung als *„Mitschwingen"*, in der dritten als ein Problem der *„Tatkraft"*.
Haben nun diese drei Erlebnistendenzen — Überschau, Mitschwingen und Tatkraft — etwas mit dem Menschen als ganzem zu tun? Können sie vielleicht auf der anderen Seite bis zum Wesensausdruck von Sonne und Kosmos verfolgt werden? Oder muß man sie als zufällige Stimmungen hinnehmen?

Mit solchen Fragen versuchen wir freilich, in die rein optische Beobachtung noch anderes hereinzunehmen. Die durchsonnte Welt mit ihrer geschilderten Dreiheit der Ansichten erfahren wir ja im ganzen als etwas, das uns anregt und zugleich befriedigt. Sie ist uns strahlend, heiter, schön. Tatsache ist eine Art Steigerung des eigenen Wesens in seiner Aktivität und Weltöffnung. Es klingt etwas zusammen. Solches wird in vielen Schattierungen erlebt. Es ist zwar nicht als Gegenstand äußerlich da, aber als Lebensstimmung im Wahrnehmen anzutreffen.
Was spricht sich in solchem Zusammenklingen aus? Ist es nur subjektive Emotionalität aus uns? — Aber auch Emotionalität steht in Zusammenhängen.

Das Verfolgen der zuletzt aufgeworfenen Fragen leitet über zu einem Besinnen großer, weit auseinander liegender Erfahrungen. Um sich darin gedanklich zu bewegen, braucht man Schulung, zum Beispiel an den Gedankenwegen R. Steiners. Ein bestimmtes, geistig umfassendes Bemühen, das an der Wahrnehmung selbsttätig ansetzen muß, kann nämlich zuvor an anthroposophischen Texten als allgemeine Fähigkeit gefördert werden. Man muß eben innerlich selbst geführt nicht nur die Dinge, sondern auch das eigene Stehen in den äußeren Wahrnehmungen beobachten.

So lernt man in der Seele Wollen, Fühlen und Denken (Vorstellen) zu unterscheiden. Diese drei Begriffe werden zu Blickrichtungen, die man einnehmen kann, um aus ein und derselben Sache (der seelischen Tätigkeit) ihre verschiedenen Seiten herauszuholen. — Für die

Biographie, das heißt für die Entwicklung der Seele im Lebenslauf, im Gestalten und Erleiden ihrer Umwelt tritt ein weiterer Gesichtspunkt hinzu: die Reinkarnation. Man wird der Würde des Kindes schwerlich gerecht, kann es auch nicht recht erziehen, vermag man es nicht unter dem Gesichtspunkt der Reinkarnation, des Mitgebrachten und des Künftigen zu betrachten.
Wie hängt der Wiederverkörperungsgedanke mit der Dreigliederungsidee der Seelenkräfte und diese wieder mit unserer angestrebten ganzheitlichen Betrachtung zusammen?

Am Vorstellen nimmt man festgewordenes Seelenleben wahr, Formkräfte, die wie von früher stammen. Hier entwickelte R. Steiner die Idee des Vorgeburtlichen, an die man sich herantasten kann. Am Wollen erlebt man das Keimhafte, Unvollkommene, aber Folgen-Schaffende. Steiner entwickelt hier den Ausblick auf das Nachtodliche, auf Ansätze und Wirkungen für später. In der Mitte, in der Gegenwart, schwingt das Fühlen: weniger distanziert als das Vorstellen, weniger Äußerem verflochen als das impulsierte Tun.[84]

Geht man mit diesen Aspekten und der daran geschulten Fähigkeit, gegliedert auf ein Ganzes zu blicken, an das eigene Erleben des besonnten Landes heran, so kann man die phänomenologische Charakteristik vertiefen. Wir charakterisierten die drei Situationen mit den Worten „Überschau, Mitschwingen, Tatkraft". Liegt darin nicht schon die Dreiheit der menschlichen Seelenkräfte Vorstellen, Fühlen und Wollen? Der Rundblick im besonnten Land rührt uns eben auf dreierlei Art an. Aber nicht nur derjenige Umfang der menschlichen Möglichkeiten, der *gleichzeitig* vorhanden ist, wird damit angesprochen, sondern auch das, was sich allmählich *entwickelt*: Vergangenheit, Gegenwart und Zukunft. Die Weite der Entwicklung des Menschen durch das Erdenwirken überhaupt klingt an.

Der Mensch tritt in die besonnte Welt hinaus. Licht und Farben glänzen ihm auf. Er fühlt sich aufgeklärt, von der Welt aufgenommen, gekräftigt zur Tat. Er ist ganz auf der Erde und doch bei sich: *erfüllt* (Fühlen), *beteiligt* (Wollen) und *verstehend* (Denken). Die Dreigliedrigkeit der besonnten Landschaft läßt in ihrem Bild die Dreigliedrigkeit

---

84) Genaueres entnehme man der „Allgemeinen Menschenkunde" Steiners [91].

der Menschenseele aufklingen. Und mit ihr ist auch die Dreizeitigkeit des über das Physische hinausgehobenen Menschenwesens angerührt. Der Mensch ist durch die Sonne in seinem tieferen Wesen angesprochen. Bewegt man sich in der durchsonnten Landschaft, so werden die Möglichkeiten des eigenen Wesens vom Erleben des Hellen her ständig durchgearbeitet. — Die Idee der rastlos wirkenden, alles befeuernden Sonne bekommt unter solchen Gedanken neuen Inhalt. Sonne und Mensch sind Teile des Ganzen. Sie sind zusammen *ein* Wesen.

9.6 Rückblick

Wie sind wir zu unseren Ergebnissen gekommen? Da galt es — erstens — *äußerlich* zu beobachten: ob Flächen mehr hell oder dunkel aussehen, ob sie sich stark von einander oder vom Himmel unterscheiden, und so weiter. Man beurteilt, ob getrennte Dinge einzeln erscheinen, mehr flächig oder mehr plastisch und auch, ob ihre Stellung auf der Erdoberfläche hervortritt, oder ob der Luftraum selbst gegenständlich wird. Es werden eigentlich nur Sinneswahrnehmungen charakterisiert.

Nun wird man aber — zweitens — noch beobachten, wie man als fühlender, erlebender Mensch *darinnen steht.* Das ist nur auf dem Hintergrund klaren Welterlebens zu finden. So ist diese Wahrnehmung zwar an die Person gebunden; weil die Person aber innerlich danach strebt, sich objektiv in die Welt zu stellen, ist sie allgemeinmenschlich berührt. Insoweit hat das Gefundene allgemeine, nicht nur persönliche Bedeutung. (So fanden wir zum Beispiel quer zur Sonne: das Empfinden schwingt sofort mit, man lebt sich sogleich ein, und so weiter.)

Weil der Mensch aber nicht nur Beobachtender und Fühlender ist, sondern — drittens — auch Handelnder, fragen wir, wie er sich als *Schaffender* in den verschiedenen Ansichten der Umgebung orientieren und betätigen kann. Da lassen sich nur Unterschiede erfassen, wenn man selbst eine aktive Haltung einnimmt und wie ein Handeln-Wollender die Sache abtastet.

Ziel dieses Abschnitts ist es, dahin zu führen, daß eine *ideelle Verbindung* des auf den verschiedenen Ebenen Erfahrenen bedacht wird. Dabei charakterisiert sich aus äußeren Wahrnehmungen, wie der

Mensch — weil er ja der Wahrnehmende ist — als ganzer in der Welt stehen kann. Diese Gesamtstimmung, aufmerksam wahrgenommen und bedacht, charakterisiert dann die atmosphärische Situation, soweit der Mensch sie erfaßt. — Wie die Situation *an sich*, ohne Erleben des Menschen ist, wäre eine unter Menschen nicht diskutierbare Frage.

Wesentliches wird sich nur zeigen, wenn wir *unser* Wesen mit der Erscheinung zusammenwirken lassen, das heißt, unser *ganzes* Wesen dem Ganzen des Erfahrungsbereichs aussetzen, in ihm leben. Das Denken verarbeitet dann nicht nur den Signalwert der Wahrnehmungen für die draußen vorgestellten Sachen, sondern es verbindet Sinnesqualitäten zu sprechenden Gesten. Es macht charakteristische Gesamteindrücke an ihnen bewußt. Solches wird zusammengehalten mit dem, was der fühlende und der tätige Mensch erlebt und besinnt. Ein vorausgehender Schluß auf den Himmel dort draußen und das Seelenleben da drinnen wird gar nicht gemacht. Vielmehr erfahre und erlebe ich mich selbst, indem ich die Welt erfahre und erlebe. Von dieser Position aus kann ich zugleich die Sache *und* meine eigenen seelischen Wahrnehmungen innerhalb von Wahrnehmungssituationen der *äußeren* Welt betrachten. Durch bewußtes Gliedern und Verbinden der seelischen Tatsachen, sogar des absichtsvollen Wollens, wird die eigene Wesenheit zum Offenbarer der anfangs draußen gedachten Naturwesen. Nur wenn ich selbst Wesentliches einsetze, kann ich zu anderem Wesentlichen finden!
Hier vermählen sich Goetheanismus und Anthroposophie. Äußerlich an Sinneserlebnissen auflebende Phänomenologie wendet sich nach innen. Geistig-Seelisches wird mitbeobachtet. Darin überschreitet Anthroposophie den Goetheanismus.

9.7 Unser Rahmen

Wir fragten eingangs nach dem Wesen des Sonnenlichts. Dem sind wir inzwischen wohl nur um einen sehr kleinen Schritt näher gekommen. Das *kann nicht mehr sein*, denn wir haben gar nicht die Gesamterscheinung des Tageslaufs, des Hellwerdens, Warmwerdens, Buntwerdens durchdrungen. Wir haben ja nur ein fertiges Panorama in drei Blickrichtungen verglichen. So ist unser bisheriges Ergebnis durch folgendes gekennzeichnet:

- Es ist weitgespannt und hauchdünn; rasch schmilzt es gegenüber dem Willen gegenständlicher Besitznahme zusammen.

- Aus der ganzen Optik ist nur ein winziges Stück bearbeitet worden, nämlich die großräumige, gerichtete Beleuchtung bei großer Helligkeit.

Das Wesentliche der Sonne, das sich in dem dreifachen Phänomen ausspricht, gehört noch am ehesten zur geozentrischen Sonne, die von hier aus im Himmelsganzen gesehen wird — nicht zu einem von aßen, wie vom Sirius aus beschriebenen fernen Weltkörper. Es handelt sich um die uns *erscheinende,* nicht um die in der Astrophysik *vorgestellte* Sonne.

Interessant ist, daß das gefundene Wesentliche im Grunde gar nicht dort oben im Weltraum sitzt. Es webt in uns und um uns herum, auch zwischen uns und den Bäumen und Böschungen — als wäre die Sonne hier unten. In diesem Sinne wäre es das Ziel der Optik, nicht Versuche für Laboratorien auszurechnen oder den Weltraum zu besprechen, sondern das Wirken des Hellen — hier zwischen uns — besser zu verstehen: das Alltägliche reicher anzuschauen.

Literatur

[1] AFFERMANN, Rudolf,
Möglichkeiten und Grenzen der Erziehung im Gymnasium, Die Höhere Schule, (1979), Heft 4, S. 148 ff

[2] BARAVALLE, H. von,
Physik als reine Phänomenologie, Bd. 3, Akustik und Optik, Troxler Verlag, Bern (1951)

[3] BARTELS, H., FREISE, G. und HEIDORN, F.,
Das Ende der Hauptschule ist der Anfang der pädagogischen Arbeit, Westermanns Pädagogische Beiträge, (1981) S.376-383

[4] BARSIG, W., BERKMÜLLER, H. und CZINSZOLL, C.,
Sachkunde in der Grundschule, 3. Jahrgangsstufe, Verlag Ludwig Auer, Donauwöth (1972)

[5] BECK, Wolfgang und HÄUSLER, Karl,
Chemie — Ausgabe Baden Württemberg, R. Oldenbourg Verlag, München (1984)

[6] BERGMANN—SCHÄFER
Lehrbuch der Experimentalphysik, Band I, W. de Gruyter Verlag, Berlin (1965)

[7] BERSCH, Jürgen,
Sendereihe „Chemie" des Zweiten deutschen Fernsehens, 8. Sendung „Das Wasser", Mainz (1975)

[8] BÖHME, Gernot,
Alternativen der Wissenschaft, Suhrkamp Taschenbuch Verlag, Frankfurt/M. (1980)

[9] BRÄMER, Rainer
Die Wirksamkeit des Physikunterrichts, Naturwiss. im Unterricht, Physik/Chemie (1980) Heft 1, S.10ff

[10] BRUNER, Jerome,
Der Prozeß der Erziehung, Pädagogischer Verlag Schwann, Düsseldorf (1970)

[11] BRUNER, Jerome,
Relevanz der Erziehung, Otto Maier Verlag, Ravensburg (1973)

[12] BUCK, Peter,
Zur Didaktik des Atombegriffs — Verhärtetes wieder flüssig machen, Erziehungskunst 44 (1980) S. 589-599 und 671-677

[13] BUCK, Peter,
Ist Volumen eine Eigenschaft von Molekülen, Atomen,

Elementarteilchen?,
chimica didactica 8 (1982) Seite 43-58
[14] BUCK, Peter,
Kontextanalyse des Energiebegriffs,
physica didactica 11 (1984) Seite 175-196
[15] BUCK, Peter,
Was ist Chlor? — Plädoyer für eine existentialrelevante chemische Begriffsbildung,
chimica didactica 10 (1984) S. 117-140
[16] BUCK, Peter,
Symptomatische Halbwahrheiten IV; Kohäsion,
chim. did. 11 (1985) S. 125-132
[17] BUCK, Peter
'Material', 'Stoff', 'Element' — von der Ausblendung des Prozessualen in der Chemie,
chimica didactica 11 (1985), Seite 27-44
[18] BUCK, Peter,
Faradays Kerze und/oder Koliskos Flammen,
Neue Sammlung (1990), Heft 1, in Vorbereitung
[19] CHRISTEN,Hans Rudolf,
Gedanken zur Didaktik des Chemieunterrichts,
chimica didactica 2 (1975) S. 57-63
[20] CHRISTEN, Hans Rudolf,
Ist der Chemieunterricht tatsächlich in eine Sackgasse geraten? Der math. und naturwiss. Unterr. 33 (1980) S. 482-486
[21] CHRISTEN, Hans Rudolf,
Wohin steuert der Chemieunterricht?
Chemie in Labor und Betrieb 33 (1982) S. 12-15
[22] DAUMENLANG, Konrad,
Physikalische Konzepte junger Erwachsener — ihre Abhängigkeit von Schule und Familienkonstellation,
Dissertation Universität Erlangen/Nürnberg (1969)
[23] DIJKSTERHUIS, E.J.
De mechanisering van het wereldbeeld,
deutsch: Die Mechanisierung des Weltbildes,
Springer-Verlag, Berlin, Göttingen, Heidelberg (1956)
[24] DOHMEN, Günter und MAURER, Friedemann,
Unterricht, Aufbau und Kritik,
Juventa Verlag, München (1968)

[25] DUIT, Reinders,
Der Energiebegriff im Physikunterricht,
Habilitationsschrift Universität Kiel (1984)
[26] ECKHARD, H.,
Einführung in die Lehre von Atombau und Bindung,
Der Chemieunterricht 1 (1970) Heft 1, S. 8ff
[27] FALK, G. und HERRMANN, F.,
Neue Physik — Das Energiebuch,
Hermann Schroedel Verlag, Hannover (1981)
[28] FARADAY, Michael,
Naturgeschichte einer Kerze,
B. Franzbecker Verlag, Bad Salzdetfurth, 2. Aufl (1980)
[29] FEYERABEND, P.K.
Wie wird man ein braver Empirist? — Ein Aufruf zur
Toleranz in der Erkenntnistheorie,
in: L.KRÜGER (Hrsg), Erkenntnisprobleme der
Naturwissenschaften, Kiepenheuer & Witsch, (1970)
[30] FLADT, Rüdiger,
Strukturwandel im Chemieunterricht — liegen wir richtig?
Der math. und naturwiss. Unterr. 32 (1979) S. 327-334
[31] FLÜGGE, Johannes,
Vergesellschaftung der Schüler, Sondierung einer Bildungs—
reform, Klinkhardt Verlag, Bad Heilbrunn (1979)
[32] FRANKS, Felix (Hrsg),
Water — A Comprehensive Treatise, Band 1 - 6,
Plenum Press, New York, London (1972—1979)
[33] GREB, Ernst, KEMPER, Alfred und QUINZLER, Gottfried,
umwelt:chemie, Ernst Klett Verlag, Stuttgart (1980)
[34] HAHN, K., TÖPFER, E., BRUHN, J.
Methodik des Physikunterrichts,
Quelle und Meyer Verlag, Heidelberg (1970)
[35] HÄUSLER, Karl,
Elementare Chemie Baden Württemberg,
Oldenbourg Verlag, München (1984)
[36] HEISENBERG, Werner,
Das Naturbild der heutigen Physik,
Rowohlt Taschenbuch, Hamburg (1970)
[37] HENTIG, Hartmut von,
Wie hoch ist die höhere Schule?
Klett Verlag, Stuttgart (1962)

[38] HIBS (Hessisches Institut f. Bildungsplanung und Schulentwicklung) (Hrsg),
Materialien zum Unterricht, Heft 6, Physik 3, Wärmelehre und Wetterkunde, Kl. 7/8,
Verlag Moritz Diesterweg, Frankfurt/M. (1977)

[39] JULIUS, F. H.,
Stoffeswelt und Menschenbildung, Band I und II,
Verlag Freies Geistesleben, Stuttgart (1978)

[40] JUNG, C.G.
Erinnerungen, Träume, Gedanken,
Walter-Verlag, Olten und Freiburg (1984)

[41] KAHLE, H.,
Atlas zur Anatomie, Bd. 2,
Deutscher Taschenbuch Verlag, München, o.J.

[42] KIENZEL, Helmut,
Wissenschaftliche Erkenntnis und menschliches Leben,
Biologie in unserer Zeit 9 (1979) Heft 4, S. 112 ff

[43] KNIEBE, Georg,
Wasser — von seinen Erscheinungsformen und Wesenszügen,
Erziehungskunst 51 (1987) Seite 405-415

[44] KOLISKO, Eugen,
Vom ersten Unterricht in der Chemie,
Erziehungskunst 6 (1932) S. 62 ff und 118 ff

[45] KORCH, Helmut,
Die Materieauffassung der marxistisch-leninistischen Philosophie, Dietz Verlag, Berlin (1980)

[46] KOTTER, Ludwig,
Die zentrale Stellung des Experiments im Chemieunterricht,
in: F.BUKATSCH, W.GLÖCKNER u. L.KOTTER (Hrsg),
Fachdidaktisches Studium in der Lehrerbildung Chemie,
Oldenbourg Verlag, München (1976)

[47] KRÖNKE, Helmut
Mechanische Schwingungen und Schall,
August Lax Verlag, Hildesheim (1962)

[48] KUHN, Wilfried,
Physik, Band I, Ausgabe B, 1. Teilband,
Westermann Verlag, Braunschweig (1974)

[49] Mein Lesebuch —
Lesewerk für die Grund- und Hauptschule, 4.Schuljahr,
Bayerischer Schulbuchverlag, München, 2. Aufl. (1976)

[50] LINDENBERG, Christoph,
Die Lebensbedingungen des Erziehens – von Waldorfschulen lernen,
Rowohlt Taschenbuch Verlag, Reinbek, 2. Aufl (1985)
[51] LITT, Theodor,
Naturwissenschaft und Menschenbildung,
Quelle & Meyer Verlag, Heidelberg, 4. Aufl. (1963)
[52] von MACKENSEN, Manfred und BUCK, Peter,
Ein Interview über Chemieunterricht an Waldorfschulen,
chimica didactica 6 (1979) S. 9-14
[53] von MACKENSEN, Manfred,
Wie wirken atomistische Modellvorstellungen auf das Naturverständnis des (jungen) Menschen?
in: E.FUCKE, Berufliche und allg. Bildung in der Sekundarstufe II, Klett Verlag, Stuttgart (1976) S. 143-172
[54] von MACKENSEN, Manfred,
Analytisches und synthetisches Lehren, Zur Didaktik von Lokomotive und Wärmelehre im Physikunterricht der 9.Klasse,
Erziehungskunst 43 (1979) S.65-74 und 137-145
[55] von MACKENSEN, Manfred,
Klang, Helligkeit und Wärme ... Phänomenologischer Physikunterricht, entwickelt aus der Praxis der Waldorfschule,
Bildungswerk, Kassel (1987)
[56] MAIER, Georg,
Optik der Bilder,
Verlag der Kooperative Dürnau (1986)
[57] MIE, G.,
Das Wesen der Materie,
Teubner Verlag, Leipzig (1919), viele Auflagen
[58] Ministerium für Kultus und Unterricht Baden-Württemberg (Hrsg), Vorläufiger Lehrplan für die Hauptschule,
Lehrplanheft 8/1979, Neckar Verlag, Villingen
[59] Ministerium für Kultus und Unterricht Baden-Württemberg (Hrsg), Bildungsplan für die Hauptschule,
Lehrplanheft 6/1984, S. 262-280, Neckar Verlag, Villingen
[60] MINSSEN, Mins und BUCK, Peter,
Das also ist Wasser! – Das alles ist Wasser!
chimica didactica 12 (1986) Seite 113-136
[61] MÖRIKE, K., BETZ, E. und MERGENTHALER, W.,
Biologie des Menschen,
Quelle & Meyer Verlag, Heidelberg (1977)

[62] MORGENSTERN, Werner und CHRISTEN, Hans Rudolf,
Chemie – Stoffe und Strukturen, Sekundarstufe I,
Diesterweg Sauerländer Verlag, Frankfurt/M. u. Aarau (1981)
[63] MOTHES, Ute,
Film und Beiheft zum Film „Physik und Chemie des Wassers",
Film Nr. 32 2045,
Institut für Film und Bild (FWU), Grünwald (1966/69)
[64] MÜLLER, E.-A., SCHNEIDER, P.E.M u.a.
Goetheanismus,
Elemente der Naturwissenschaft 33 (1980) S. 39
[65] NÖDING, Siegfried,
Ist der Chemieunterricht in eine Sackgasse geraten?
Der math. und naturw. Unterricht 32 (1979) S. 449-454
[66] NUFFIELD-Chemie
Unterrichtsmodelle Grundkurs, Stufen 1 und 2,
Quelle & Meyer Verlag, Heidelberg (1975–1978) UTB 387,388
[67] OERTER, Rolf,
Psychologie des Denkens,
Verlag Ludwig Auer, Donauwörth, 4. Aufl. (1974)
[68] OLVER, Rose R. und HORNSBY, Joan Rigney,
Über Äquivalenz, in: J.S.BRUNER, R.R.OLVER und
P.M.GREENFIELD (Hrsg), Studien zur kognitiven
Entwicklung, Klett Verlag, Stuttgart (1971)
[69] OSTWALD, Wilhelm,
Grundriß der Allgemeinen Chemie,
Engelmann Verlag, Leipzig, 2. Aufl. (1890)
[70] OTT, G.,
Grundriß einer Chemie nach phänomenologischer Methode,
Band I und II, Zbinden Verlag, Basel (1960/62)
[71] PAUL, Jean,
Selberlebensbeschreibung, Konjektural-Biographie,
Verlag Philipp Reclam jr. Stuttgart (1982)
[72] PFROGNER, Hermann
Lebendige Tonwelt
Langen-Müller Verlag, München (1976)
[73] PFUNDT, Helga,
Das Atom – Letztes Teilungsstück oder erster Aufbaustein?
chimica didactica 7 (1981) Seite 75-94
[74] PIAGET, Jean,
Die Entwicklung des Erkennens, Band I (1972), Band III (1973),
Ernst Klett Verlag, Stuttgart

[75] PIAGET, Jean,
Einführung in die genetische Erkenntnistheorie,
Suhrkamp Taschenbuch Verlag, Frankfurt/M. (1973)
[76] PIAGET, Jean,
Weisheit und Illusionen der Philosophie,
Suhrkamp Verlag, Frankfurt/M. (1974)
[77] PIAGET, Jean,
Abriß der genetischen Epistemologie,
Walter Verlag, Olten/Freiburg (1974)
[78] PÖPPEL, Ernst,
Materialien des Bewußtseins,
Physikalische Blätter 42 (1986) S. 75-77
[79] POSTMAN, Neil,
Das Verschwinden der Kindheit,
S. Fischer Verlag, Frankfurt/M. (1983)
[80] PRIGOGINE, Ilya und STENGERS, I.,
Dialog mit der Natur,
Piper Verlag, München (1981)
[81] Redaktion SOZNAT (Hrsg),
Naturwissenschaftlicher Unterricht in der Gegenperspektive,
Agentur Pedersen, Braunschweig (1982)
[82] SCHILLER, Paul Eugen,
Der anthroposophische Schulungsweg,
Philosophisch-anthroposophischer Verlag, Dornach (1979)
[83] SCHLÖPKE, Wulf-Ingo,
Die philosophischen Annahmen (Postulate) der Atomtheorie und ihre Bedeutung bei der Behandlung der Atomhypothese im Chemieunterricht, chim. did. 13 (1987), S. 89-116
[84] SCHMIDKUNZ, Heinz und LINDEMANN, Helmut,
Neue Aspekte und Modifikationen zum forschend-entwickelnden Unterrichtsverfahren,
chimica didactica 8 (1982) S. 187-196
[85] SCHNEIDER, Peter,
Einführung in die Waldorfpädagogik,
Klett-Cotta Verlag, Stuttgart (1982)
[86] SCHRÖDER, W., SICHELSCHMIDT, R., STIEGLER, L., und VESTNER, H.,
Natur und Technik — Physik und Chemie 5/6,
Cornelsen, Velhagen & Klasing Verlag, Berlin (1975)
[87] SCHUBERTH, Ernst,
Wie können wir durch den Mathematikunterricht erzieherisch

wirken?, Erziehungskunst 40 (1976) S. 141-149
[88] SCHUMACHER, E.F.,
Rat für den Ratlosen,
Rowohlt Verlag, Reinbek (1979)
[89] SCHWENK, Theodor,
Das sensible Chaos — strömendes Formschaffen in Wasser und Luft,
Verlag Freies Geistesleben, Stuttgart, 4. Aufl. (1976)
[90] SPRECKELSEN, Kay,
Überlegungen zur naturwissenschaftlichen Elementarbildung, in: A.GARLICHS, R.MESSNER, D.MÖHLE und K.SPRECKELSEN (Hrsg), Unterrichtet wird auch morgen noch, Scriptor Verlag, Königstein (1982)
[91] STEINER, Rudolf,
Allgemeine Menschenkunde als Grundlage der Pädagogik,
Rudolf Steiner Verlag, Dornach, 8. Aufl. (1980)
[92] STEINER, Rudolf,
Erziehungskunst — Seminarbesprechungen und Lehrplanvorträge,
Rudolf Steiner Verlag, Dornach (1977)
[93] STEINER, Rudolf,
Menschenerkenntnis und Unterrichtsgestaltung, 8 Vorträge für die Lehrer der Freien Waldorfschule Stuttgart (1921),
Rudolf Steiner Verlag, Dornach (1978)
[94] STEINER, Rudolf,
Zur Sinneslehre — Themen aus dem Gesamtwerk,
herausgegeben von Christoph LINDENBERG,
Verlag Freies Geistesleben, Stuttgart, 2. Aufl. (1981)
[95] STEINER, Rudolf,
Die Rätsel der Philosophie in ihrer Geschichte als Umriß dargestellt, Band II, Rudolf Steiner Verlag, Dornach, Taschenbuchausgabe (1974)
[96] STEINER, Rudolf,
Philosophie der Freiheit, Rudolf Steiner Verlag, Dornach, Taschenbuchausgabe (1981)
[97] STEINER, Rudolf,
Philosophie und Anthroposophie,
Rudolf Steiner Verlag, Dornach (1964)
[98] STEINER, Rudolf,
Theosophie, Rudolf Steiner Verlag, Dornach,
Taschenbuchausgabe (1978)

[99] STEINER, Rudolf,
Wahrheit und Wissenschaft/Erkenntnistheorie der Goetheschen Weltanschauung, Verlag Freies Geistesleben, Stuttgart, Taschenbuchausgabe (1961)

[100] STEINER, Rudolf,
Wie erlangt man Erkenntnisse höherer Welten?
Rudolf Steiner Verlag, Dornach, Taschenbuchausgabe (1986)

[101] STEVENS, S.-S.,
Schall und Gehör,
Rowohlt Verlag, Reinbek (1970)

[102] TEML, Hubert,
Unterricht gestalten, Lernen fördern — Materialien zum schülerzentrierten Unterricht,
Veritas Verlag, Linz, Wien (1983)

[103] THÖNE, K.,
Chemie als Hobby, Goldmann Ratgeber Bd. 10531,
Goldmann Verlag, München o.J.

[104] TYNDALL, John,
Der Schall,
Verlag B. Franzbecker, Bad Salzdetfurth in Vorbereitung

[105] UNGER, Georg,
Kernenergie und Geisteswissenschaft,
Philosophisch-Anthroposophischer Verlag, Dornach (1979)

[106] ten VOORDE, H. H.,
Die Überbrückung der Kluft des Nicht-verstehen-könnens: eine Aufgabe des Unterrichts,
chimica didactica 9 (1983) Seite 138-175,
chimica didactica 13 (1987) Seite 117-148

[107] WAGENSCHEIN, Martin
Die Pädagogische Dimension der Physik
Georg Westermann Verlag, Braunschweig, 4. Aufl. (1976)

[108] WAGENSCHEIN, Martin
Ursprüngliches Verstehen und exaktes Denken,
Band I und II, Ernst Klett Verlag, Stuttgart, 2. Auflage (1970)

[109] WAGENSCHEIN, Martin
Verstehen lehren,
Verlag Julius Beltz, Weinheim, 2./3. Aufl. (1970)

[110] WAGENSCHEIN, Martin,
Die beiden Monde,
Scheidewege 9 (1979) S.

[111] WAGENSCHEIN, Martin
Naturphänomene sehen und verstehen,
Hrsg. von H. Chr. BERG, Klett Verlag, Stuttgart (1980)
[112] WAGENSCHEIN, M., BUCK, P. und KÖHNLEIN, W.,
Martin Wagenschein – ein Interview zu seinem Lebenswerk,
chimica didactica 7 (1981) S. 161-175
[113] WAGENSCHEIN, Martin und BUCK, Peter
Demokrit auf dem Zeugenstand,
chimica didactica 10 (1984) S. 3-20
[114] WAGNER, C.F.,
Weg und Abweg der Naturwissenschaft,
Beck Verlag, München (1970)
[115] WALZ, A.,
physik-chemie – Informationsband (ab 5. Schuljahr),
Schroedel Verlag, Hannover (1976)
[116] WENINGER, J., PFUNDT, H. und DIERKS, W.,
Stoffe und Stoffumbildungen, Teile 1 bis 3,
Ernst Klett Verlag, Stuttgart (1979/1982/1988)
[117] WENINGER, Johann,
Das Denken in Kontinuum und Diskontinuum,
Der math. und naturw. Unterricht 35 (1982) Seite 193-200
und 268-273
[118] WOLF, Christa,
Kindheitsmuster,
Luchterhand Verlag, Darmstadt und Neuwied (1977)
[119] WOLF, Erich,
Die Musikausbildung, Bd. I, Allgemeine Musiklehre,
Breitkopf und Härtel Verlag, Wiesbaden (1973)